Igor Elkin

Dendrimères dans la nanoencapsulation des molécules médicamenteuses

AF004388

Igor Elkin

Dendrimères dans la nanoencapsulation des molécules médicamenteuses

État actuel et perspectives

Presses Académiques Francophones

Impressum / Mentions légales

Bibliografische Information der Deutschen Nationalbibliothek: Die Deutsche Nationalbibliothek verzeichnet diese Publikation in der Deutschen Nationalbibliografie; detaillierte bibliografische Daten sind im Internet über http://dnb.d-nb.de abrufbar.

Alle in diesem Buch genannten Marken und Produktnamen unterliegen warenzeichen-, marken- oder patentrechtlichem Schutz bzw. sind Warenzeichen oder eingetragene Warenzeichen der jeweiligen Inhaber. Die Wiedergabe von Marken, Produktnamen, Gebrauchsnamen, Handelsnamen, Warenbezeichnungen u.s.w. in diesem Werk berechtigt auch ohne besondere Kennzeichnung nicht zu der Annahme, dass solche Namen im Sinne der Warenzeichen- und Markenschutzgesetzgebung als frei zu betrachten wären und daher von jedermann benutzt werden dürften.

Information bibliographique publiée par la Deutsche Nationalbibliothek: La Deutsche Nationalbibliothek inscrit cette publication à la Deutsche Nationalbibliografie; des données bibliographiques détaillées sont disponibles sur internet à l'adresse http://dnb.d-nb.de.

Toutes marques et noms de produits mentionnés dans ce livre demeurent sous la protection des marques, des marques déposées et des brevets, et sont des marques ou des marques déposées de leurs détenteurs respectifs. L'utilisation des marques, noms de produits, noms communs, noms commerciaux, descriptions de produits, etc, même sans qu'ils soient mentionnés de façon particulière dans ce livre ne signifie en aucune façon que ces noms peuvent être utilisés sans restriction à l'égard de la législation pour la protection des marques et des marques déposées et pourraient donc être utilisés par quiconque.

Coverbild / Photo de couverture: www.ingimage.com

Verlag / Editeur:
Presses Académiques Francophones
ist ein Imprint der / est une marque déposée de
OmniScriptum GmbH & Co. KG
Heinrich-Böcking-Str. 6-8, 66121 Saarbrücken, Deutschland / Allemagne
Email: info@presses-academiques.com

Herstellung: siehe letzte Seite /
Impression: voir la dernière page
ISBN: 978-3-8381-4443-6

Copyright / Droit d'auteur © 2014 OmniScriptum GmbH & Co. KG
Alle Rechte vorbehalten. / Tous droits réservés. Saarbrücken 2014

Table des matières

Table des matières 1
Introduction 3
1. Nanotechnologies et dendrimères : Information générale 7
1.1. Nanotechnologies 7
1.2. Dendrimères 9
2. Principales méthodes de synthèse des dendrimères 16
2.1. Voie divergente 16
2.2. Voie convergente 17
3. Principaux types du nanotransport des molécules actives avec les dendrimères 21
3.1. Greffage et encapsulation des principes actifs en chimiothérapie antinéoplasique : *pro* et *contra* 21
3.2. Chimiothérapie antinéoplasique et l'effet EPR 26
3.3. Perspectives liées à l'utilisation des nanovecteurs dendritiques dans des traitements théarapetiques spécifiques 30
4. Dendrimères comme nanocapsules des molécules actives 34
4.1. Encapsulation par les dendrimères. Information générale 34
4.2. Mécanismes d'encapsulation par les dendrimères PAMAM, PPI et leurs dérivés 35
4.3. Mécanismes d'encapsulation par les dendrimères d'autres types 44
4.4. Influence du milieu sur les processus d'encapsulation et relargage des molécules actives par les structures dendritiques 53
    4.4.1 Influence du pH 53
    4.4.2 Présence des électrolytes 55
    4.4.3 Présence des protéines du plasma 56
    4.4.4 Influence de la température 57
5. Dendrimères et biocompatibilité 58
5.1. Toxicité et biodistribution des dendrimères *in vivo* 59
5.2. Propriétés des dendrimères *ex vivo* 66

5.3. Cytotoxicité et internalisation intracellulaire des dendrimères *in vitro* 67
5.4. Biodégradabilité de nanovecteurs dendritiques 73
6. Discussion générale : problématique et perspectives du domaine d'utilisation des nanovecteurs dendritiques 76
6.1. Nanovectorisation comme une solution des problèmes liés aux molécules médicamenteuses 76
6.2. Dendrimères comme agents de nanoencapsulation 78
    6.2.1. Aspect de synthèse 80
    6.2.2 Aspect de rétention du principe actif dans le dendrimère 81
    6.2.3 Toxicité et biodégradabilité des dendrimères 83
    6.2.4 Aspect de biodistribution et de ciblage 84
    6.2.5. Aspect de libération du principe actif in vivo 86
    6.2.6. Perspectives 88
Conclusion 92
Liste des abréviations 99
Bibliographie 101

Introduction

Bien que des progrès significatifs dans la pharmacologie moderne aient été réalisés, il y a encore des domaines où des améliorations substantielles doivent être apportées, pour atteindre un niveau supérieur d'efficacité thérapeutique. En particulier, une faible biodisponibilité et de mauvaises caractéristiques pharmacocinétiques sont toujours au cœur des principales causes d'échec du développement de nouveaux médicaments. Au fil des ans, beaucoup de molécules médicamenteuses (le terme plus spécifique de « principes actifs » ou simplement « PA » sera utilisé plus souvent dans le texte) prometteuses ont ainsi vu leur mise sur le marché compromise en raison de problèmes au niveau de la solubilité, la taille, la sélectivité d'action et de la sensibilité à la dégradation. Par exemple, le premier obstacle majeur à contourner – une solubilité faible dans l'eau, est une propriété distinctive de plus de 60% des PA issus des laboratoires de recherche [1, 2], et de plus de 40% de ceux qui sont sur le marché [3-6]. En fin de compte, cela limite l'efficacité de traitement de plusieurs maladies et pathologies incluant les troubles aussi graves que le cancer (par exemple, avec le paclitaxel [7], l'étoposide [8], la doxorubicine [9]), le SIDA (saquinavir [10]), des maladies provoquées par des bactéries et des champignons pathogènes (vancomycine [11], itraconazole [12], amphotéricine B [13] etc.), dans le cas de la suppression médicale du système immunitaire (cyclosporine [14], 6-mercaptopurine [15]) etc. De plus, ces facteurs rendent difficiles les études pharmacologiques de certains nouveaux composés prometteurs (resvératrol [16], ontazolast [17] etc.).

D'une manière générale, pour remédier au problème de solubilité dans les milieux aqueux de PA hydrophobes, il y a deux solutions possibles: (i) l'élaboration de nouvelles molécules actives, plus solubles, ou (ii) l'utilisation de systèmes de livraison (vecteurs) dans le cas de PA déjà approuvés et connus sur le marché.

La première solution amène généralement aux nouvelles entités chimiques (NCE, *New Chemical Entity*), ce qui nécessite de compléter le processus de développement, d'approbation et de la mise sur le marché. Ceci peut parfois prendre encore jusqu'à 10-15 ans supplémentaires de travail et 500-1000 millions de $US de financement [18-20]. Généralement, l'approbation s'effectue par les organismes gouvernementaux de contrôle des médicaments, par exemple, par l'Agence de la Santé Publique du Canada [21] ou par l'Agence Fédérale Américaine des Produits Alimentaires et Médicamenteux (*United States Food and Drug Administration*, US FDA) [22] aux États-Unis d'Amérique etc.

L'approche de vectorisation est donc potentiellement plus économique car l'élaboration d'un médicament à base d'une substance active déjà approuvée est généralement moins couteuse et plus courte (approximativement 20-50 millions de $US et 3-4 ans [20]). Dans ce cas, l'approbation de nouveaux médicaments est simplifiée et passe par *l'Investigational New Drug Application* (IND) basée sur les paramètres de biodistribution et pharmacocinétiques, touchant respectivement à l'absorption, la distribution, le métabolisme et l'excrétion (ADME) [23].

En dehors de l'aspect économique, la vectorisation de principes actifs hydrophobes est intéressante également pour remédier aux autres facteurs menant à la diminution de l'efficacité de médicaments. Par exemple, dans la circulation systémique, la taille minimale de particules médicamenteuses est déterminée par la filtration rénale (particules moins de 5,5 nm sont éliminées très rapidement [24]), tandis que la taille maximale est limitée par la phagocytose importante des microparticules dans la gamme de 1-6 µm et les propriétés emboliques des objets encore plus grands [6]. Un manque de sélectivité par rapport au site pathologique peut également présenter une difficulté d'atteindre un optimum thérapeutique, surtout quand il s'agit de PA hautement toxiques, par exemple, agents antinéoplasiques [25]. La sensibilité à la métabolisation est aussi un facteur à prendre très au sérieux car des métabolites perdent souvent l'efficacité comparativement aux molécules actives initiales [26, 27]. Les conséquences découlant des facteurs négatifs ci-mentionnés sont une augmentation des doses à administrer et de leur fréquence, ce qui provoque souvent les effets toxiques et indésirables [6]. Ainsi, afin de neutraliser ces effets néfastes, un vecteur idéal devrait normalement posséder une taille et les propriétés de surface appropriées, être capable d'encapsuler efficacement les molécules de principes actifs d'intérêt, en les isolant de l'environnement biologique et, finalement, de les libérer dans un site pathologique en question. En outre, le vecteur doit être non toxique à court et long terme. Cela met en évidence la nécessité de s'assurer de la sécurité du vecteur non seulement au niveau de l'intégrité de sa structure, mais également au niveau des produits de sa possible biotransformation.

De nos jours, beaucoup d'espoirs ont été mis dans les systèmes de livraison de PA à l'échelle nanométrique (nanovecteurs). De nombreux types de systèmes ont été proposés pour la nanovectorisation : liposomes, micelles, nanocapsules polymériques et lipidiques solides, nanogels, dendrimères, ainsi que les nanotubes de carbone etc. [6, 28-32]). Parmi ceux-ci, les vecteurs les plus étudiés sont les liposomes et les nanocapsules polymériques [31, 33, 34]. Chacun de ces nanosystèmes a ses avantages et ses inconvénients. Par exemple, dans le cas de liposomes, plusieurs formulations sont déjà approuvées par US FDA et même produites à l'échelle industrielle [35-39], en raison de l'amélioration revendiquée par rapport à l'utilisation de PA non formulés. Néanmoins, les problèmes de stabilité dans les milieux biologiques [40], ainsi que de la préparation, nécessitant d'utiliser l'appareillage très sophistiqué et couteux (pour assurer la reproductibilité au niveau de la taille et la composition) [36], restent toujours actuels. Les nanovecteurs à base de polymères sont généralement plus stables que les liposomes, cependant, la distribution de taille des nanoparticules résultantes constitue un obstacle très important à contourner [41-43]. Présentement, plusieurs systèmes de livraison polymériques biodégradables se retrouvent sur le marché [20]. L'absence de nano-formulations polymériques anticancéreuses, recevant l'approbation de la part de l'US FDA, est cependant surprenant, en raison de la vaste gamme d'architectures de polymères proposés à cette fin, ainsi que de la recherche en plein essor dans le domaine [44].

D'autres préoccupations qui entravent significativement le développement de différents systèmes de nanovectorisation sont des taux de livraison ciblée insuffisants et le contrôle faible de la libération du PA [45]. Encore de nos jours, il n'existe pas de vecteur idéal avec les propriétés du concept hypothétique de « *magic bullets* » de Paul Ehrlich, permettant de livrer la majorité, sinon la totalité, d'une charge thérapeutique sans avoir d'effets significatifs sur des tissus non ciblés. En outre, plusieurs scientifiques éminents nous avertissent clairement qu'aujourd'hui, la réalité de la nanovectorisation est « loin de ce scénario idéal ... Sans des changements dramatiques dans nos approches actuelles, la recherche en livraison ciblée de médicaments est susceptible de faire peu, le cas échéant, d'avancées significatives dans l'avenir » [45].

Dans ce contexte, les vecteurs présentant des systèmes unimoléculaires (par exemple, polymères en étoile [46], hydrogels [47-49] et dendrimères [50-52]) semblent être plus prometteurs. Ces structures peuvent combiner efficacement une stabilité élevée dans les milieux biologiques et, en même temps, une capacité d'encapsuler les molécules de PA. Parmi ces systèmes, les dendrimères, macromolécules symétriques et hautement branchées, méritent à juste titre plus d'attention. En particulier, grâce à l'architecture bien définie, ils permettent d'atteindre un très haut niveau de reproductibilité de résultats, tout en évitant le problème de polydispersité. Il est cependant à noter que la conception de nouveaux nanovecteurs dendritiques est toujours d'actualité, en particulier, pour les raisons qui seront développées dans les parties suivantes de ce livre.

1. Nanotechnologies et dendrimères : Information générale

1.1. Nanotechnologies

Depuis le fameux discours « *Plenty of Room at the Bottom* » (« Il y a beaucoup d'espace en bas») de Richard P. Feynman à *California Institute of Technology*, en décembre 1959 [53], introduisant pour la première fois le concept de nanotechnologie, ce domaine n'a jamais cessé de progresser. En effet, de nouvelles technologies manipulant de structures à l'échelle nanométrique (normalement, de 1 à 100 nm, selon le site web de *National Nanotechnology Initiative*, http://nano.gov/nanotech-101/what/definition) et ainsi permettant de construire des matériaux avec précision au niveau moléculaire, amènent souvent à une série de phénomènes (dominés par les effets quantiques) et des propriétés uniques, non rencontrés chez les objets de plus grande taille. Une vraie « explosion » des nanotechnologies est à prévoir dans des secteurs d'activités très diversifiés allant du domaine biomédical à l'électronique, en passant par la métallurgie, l'agriculture, le textile, les revêtements, les cosmétiques, l'énergie, les catalyseurs, etc. (**Figure 1**). Par exemple, le premier article sur la livraison intracellulaire de composés chimiques avec les nanovecteurs date de 1977 [54].

Les nanotechnologies couvrent un large domaine multidisciplinaire où les activités de recherche et d'implantation industrielle se sont développées extrêmement rapidement au niveau mondial au cours de la dernière décennie. La recherche visant la production, la mise sur le marché et l'utilisation de nouveaux nanomatériaux est excessivement importante et représente des objectifs stratégiques de développement économique durable, notamment en Asie, en Europe, aux États-Unis et au Canada (pour plus de détails http://nanotechproject.org).

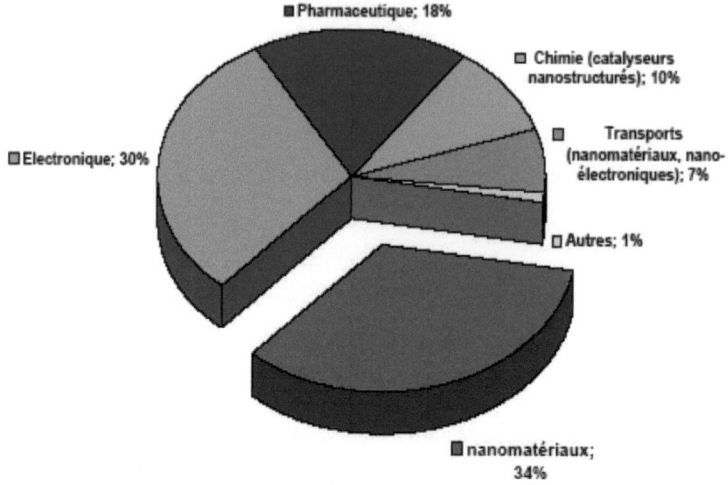

Figure 1. Répartition en% de l'impact économique global des nanotechnologies en 2010 [55].

L'ère des nanosystèmes et des nanotechnologies nous promet des développements et des percées scientifiques majeures qui affecteront de façon permanente le quotidien de chacun dans un avenir proche. Plusieurs de ces nanoproduits sont déjà utilisés. Par exemple, dans son rapport annuel 2006-2007, l'organisme canadien NanoQuébec (www.nanoquebec.ca) rapporte des ventes annuelles de produits nanos par les entreprises québécoises de moins de 2 M$ en 2005, d'environ 8 M$ en 2006. La base de données NanoWerk (www.nanowerk.com) présentait en mars 2009 2225 nanoproduits disponibles en provenance de 142 fournisseurs. De nouveaux produits contenant des nanoparticules sont mis en marché chaque semaine, et de nombreux organismes estiment un marché mondial annuel de l'ordre de 1 000 milliards de dollars américains dès 2015 [55, 56].

1.2. Dendrimères

Dans le contexte des nanotechnologies, les dendrimères présentent un très grand potentiel pour l'avenir des nanosciences. En particulier, ils sont considérés de nos jours comme la réponse possible à de nombreux problèmes allant de la découverte de nouveaux catalyseurs ou médicaments, à la décontamination de l'eau ou encore à l'obtention de matériaux de moyens électroniques et de communication plus performants. De par leur architecture unique et hautement ramifiée, réalisée par la synthèse étape par étape, ils garantissent des nano-objets à la structure parfaitement définie et monodisperse. De plus, étant donné le grand nombre de groupes fonctionnels à leur surface, tout cela conduit finalement à l'apparition de propriétés exceptionnelles pouvant potentiellement trouver des applications dans de nombreux domaines [50, 57-60].

D'une manière générale, les dendrimères sont des macromolécules globulaires avec une structure régulière et hyper-ramifiée (**Figure 2**). Ils sont constitués de monomères associés selon un processus arborescent autour d'un cœur central plurifonctionnel. Le mot « dendrimère » provenant da la langue grecque est une combinaison de deux mots « *dendron* » (δενδρον qui signifie «arbre») et *meros* (μέρος - « partie de »). Il a été introduit par Donald Tomalia dans son premier article sur les dendrimères poly(amidoamine) (ou PAMAM) publié en 1985 [61].

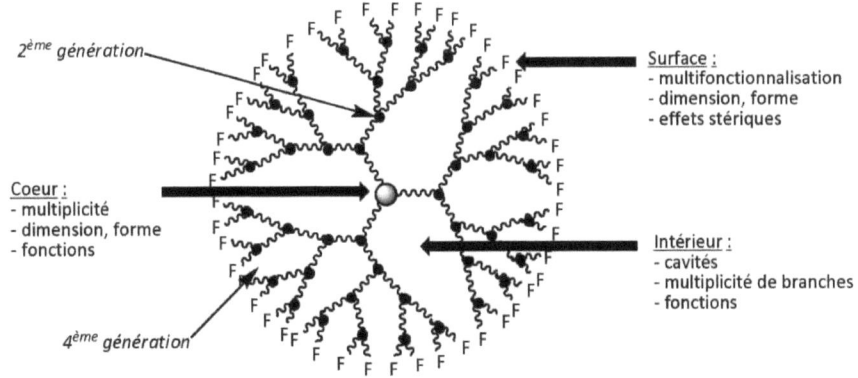

Figure 2. Représentation schématique d'un dendrimère de quatrième génération [62].

La structure dendritique est décrite par un vocabulaire très précis. Tout commence avec l'élément central du dendrimère, son cœur, qui définit l'architecture dendritique initiale et, en même temps, sert de site d'ancrage des branches (dendrons). Ainsi, le cœur dendritique confère au dendrimère une certaine géométrie, en fonction de sa structure moléculaire et le nombre des groupements fonctionnels à sa périphérie. De plus, dans certains cas, il peut être également un porteur d'une fonction spécifique qui va le rendre fluorescent [63], photo-isomérisable [58] ou le transformer en site catalytique [64]. Sur ce cœur vont donc venir s'accrocher des dendrons constitués de monomères, incluant les groupements intermédiaires (espaceurs) et les points de divergence, permettant ainsi d'augmenter le nombre de fonctions chimiques à la périphérie dendritique, dépendamment de la génération G (**Figure 3**). Finalement, étant donné leur volume global prédominant, ce sont les dendrons qui vont déterminer les propriétés principales du squelette dendritiques. Il est également à noter que dépendamment de leurs architectures, l'intérieur du dendrimère peut aussi renfermer des cavités qui pourront éventuellement accueillir des molécules de taille et de nature convenables, en présentant ainsi une «boîte moléculaire».

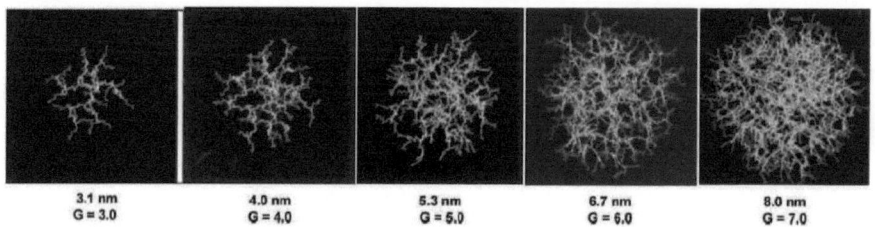

Figure 3. Taille et augmentation en progression géométrique du nombre de fonctions chimiques à la surface de dendrimères PAMAM, en fonction de la génération (G) [65].

Les premiers dendrimères ont été décrits en 1978 par le groupe de Fritz Vögtle lorsqu'il a rapporté la «synthèse en cascade» de polyamines de bas poids moléculaire [66]. Quelques années plus tard, Robert Denkewalter et col. ont déposé plusieurs brevets concernant la synthèse de dendrimères de L-lysine [67-69]. Cependant, ce n'est qu'en 1985, les structures dendritiques ont vraiment attiré l'attention du publique scientifique, grâce aux travaux de Donald Tomalia, concernant les dendrimères PAMAM [61], et de George Newkome, sur les «arborols» [70].

Dans la littérature scientifique, les macromolécules dendritiques sont également présentées sous les noms « molécules en cascade », « *cauliflowers* », « *starburst polymers* » [71], « *star shaped nanomolecules* » et même « astérisques moléculaires» [72, 73].

Actuellement, des milliers de structures dendritiques différentes (plus de 50 familles [74]) sont décrites. Plusieurs dizaines de ces structures sont commercialisées et trouvent leurs applications dans différents domaines [57, 75]. Le nombre des articles sur les dendrimères ne cesse de progresser (**Figure 4**), ce qui confirme l'intérêt grandissant porté aux macromolécules de ce type.

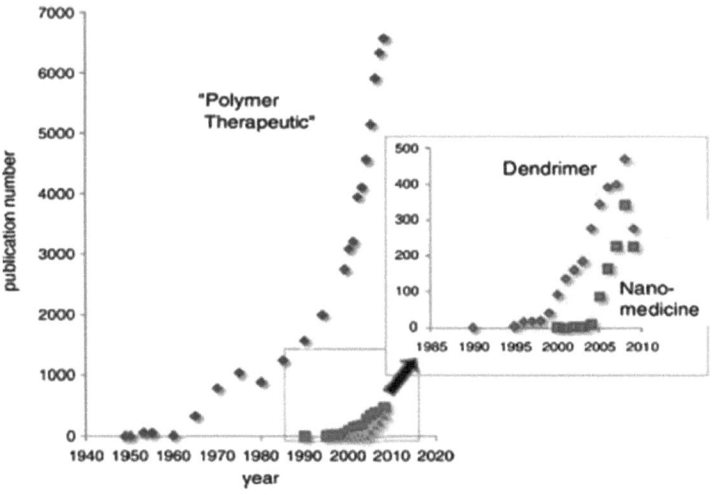

Figure 4. Nombre de publications sur les polymères et dendrimères thérapeutiques en 1940-2009 [76].

À ce jour, près de 1300 nouveaux articles scientifiques et 1200 brevets concernant différents aspects de la chimie et les applications de composés dendritiques ont été publiés [77]. Le plus grand nombre d'articles est présenté par les équipes de recherche de J. Fréchet et D. Tomalia (**Figure 5**).

Il est intéressant à noter qu'une de ces deux équipes (celle de D. Tomalia) a également élaboré un des deux types de dendrimères les plus connus et couramment utilisés, les PAMAM et les dendrimères poly(propylène imine) (ou PPI), qui sont présentement produits à l'échelle industrielle (**Figure 6**).

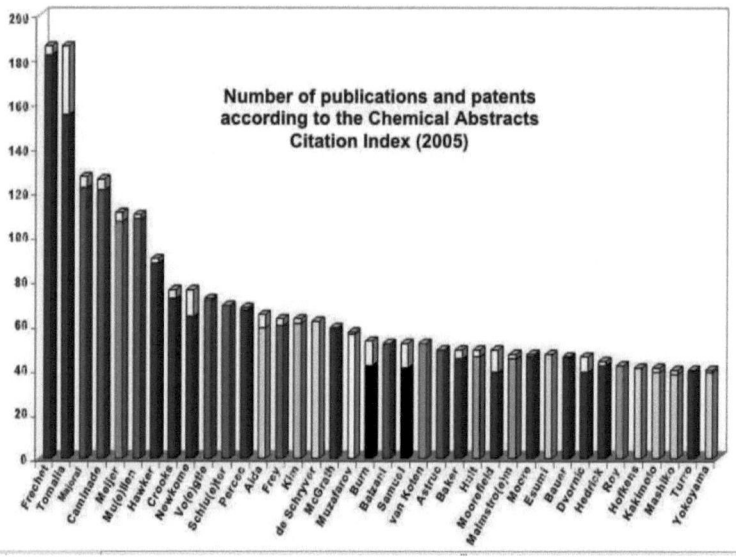

Figure 5. Nombre de brevets (barres blanches) et articles publiés (barres noires et grises) par différentes équipes de recherche, selon Chemical Abstracts Citation Index (données de 2005) [78].

L'estimation de futures applications de différents produits à base des dendrimères (pour la période de 2005 à 2015) a été effectuée par une compagnie de conseil Willems & van den Wildenberg (W&W) España s.l. Co. (www.wywes.com), dans le cadre du programme NanoRoadMap de la Commission Européenne. De nombreux experts, incluant J. Fréchet, G. Newkome, D. Tomalia etc., ont évalué les perspectives et les risques économiques potentiels, liés aux investissements dans les secteurs innovants, ainsi que de recherche et développement, et les stratégies de création d'entreprises dans ce domaine. Selon le rapport, actuellement, il y a certainement de nombreuses applications possibles pour les dendrimères.

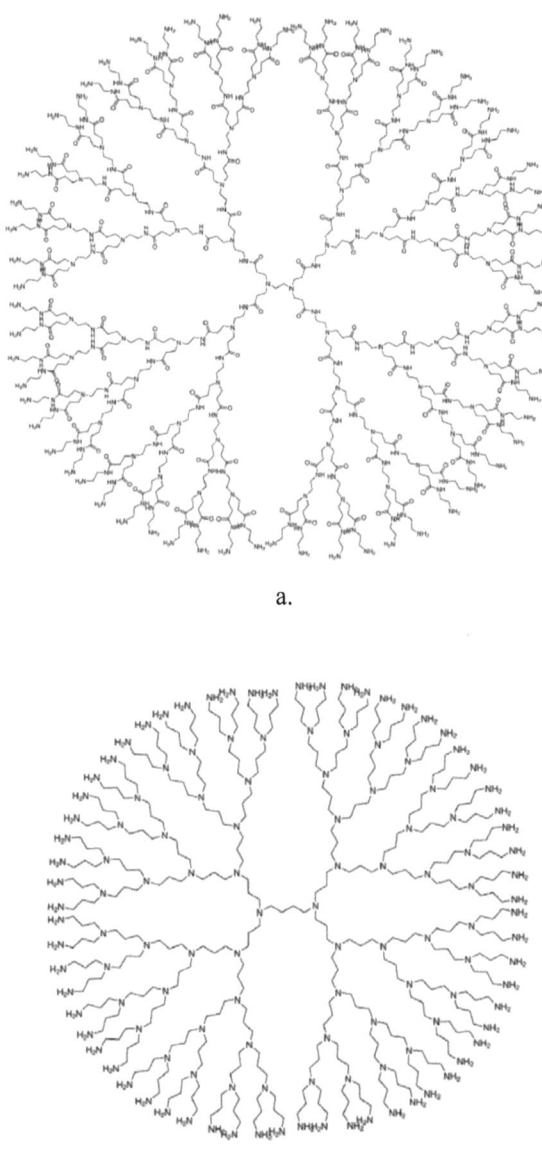

Figure 6. Structures de deux dendrimères les plus couramment utilisées, poly(amido amino) ou PAMAM G5 élaboré par l'équipe de D. Tomalia (a) et poly(propylène imine), ou PPI, G 5 (b) issu indépendamment de laboratoires de E. W. Meijer et R. Mulhaupt [50].

En dépit de cela, seulement près d'un tiers d'entre eux, peuvent finalement atteindre le marché car d'autres matériaux (par exemple, les polymères conjugués dans la production de diodes électroluminescentes organiques, OLED) présentent également des produits très compétitifs.

On peut s'attendre qu'en 2015, plusieurs produits dendritiques (par exemple, certaines matières colorantes et adhésives) puissent accéder au marché. Cependant, les applications des dendrimères en médecine et en électronique peuvent prendre encore plus du temps à se développer (**Figure 7a**). Dans le cas de produits médicaux, cela pourrait être dû à la nécessité d'effectuer de longs essais cliniques et le processus d'approbation par des organismes concernés. L'évaluation des risques liés aux perspectives d'utilisation des dendrimères à l'échelle industrielle pour la période 2005-2015 montre que les domaines les plus prometteurs sont ceux des matières colorantes et adhésives, ainsi que des agents de contraste en imagerie par résonance magnétique (IRM). Les utilisations commerciales possibles de dendrimères comme anticorps artificiels, composés médicaux multifonctionnels, ainsi que composants de dispositifs nanoélectroniques ont été considérées les domaines les plus à risques. Les applications des dendrimères dans la livraison ciblée de PA ont été classées respectivement comme étant à risque moyen (**Figure 7b**) [78].

Étant donné que les objectifs du présent livre est de présenter l'analyse bibliographique approfondie de travaux concernant l'étude de propriétés de nouveaux dendrimères conçus comme agents de nanoencapsulation pour la livraison ciblée des molécules actives, ainsi que d'examiner les perspectives de l'avenir de ce domaine, les chapitres suivants seront une occasion de toucher aux principaux aspects liés au développement de ce type de vectorisation.

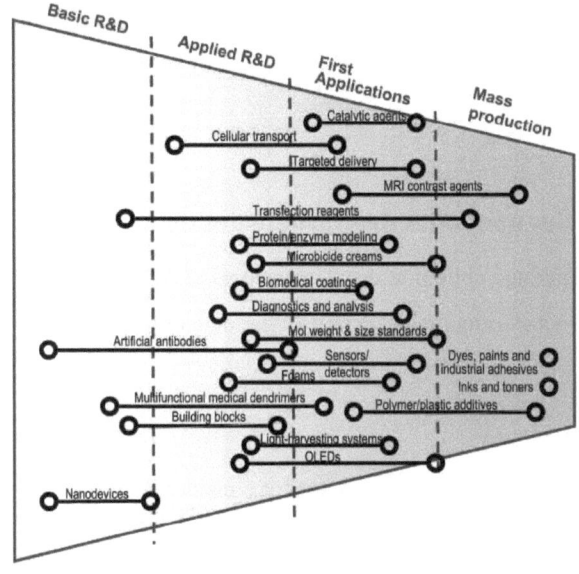

a.

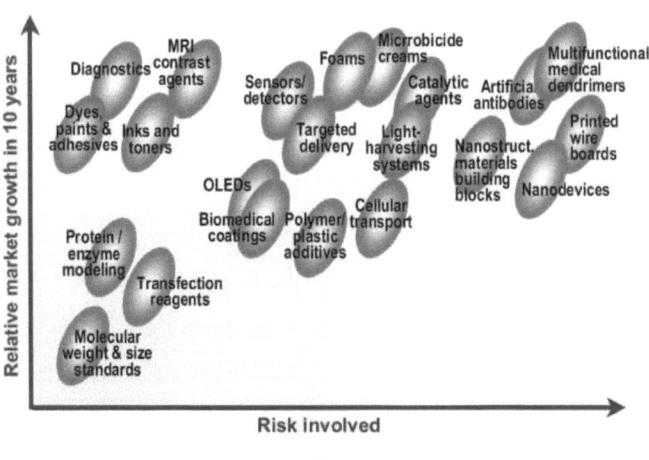

b.

Figure 7. État attendu du développement de différentes applications des dendrimères en 2015 (a), et les risques liées à ces applications au bout de la période de 2005 à 2015 (b), selon le rapport de W&W [78].

2. Principales méthodes de synthèse des dendrimères

L'assemblage chimique des dendrimères est généralement basé sur l'utilisation de deux approches principales, la voie divergente et la voie convergente (**Figure 8**).

2.1. Voie divergente

La voie divergente est normalement considérée comme approche classique car, historiquement, les premiers travaux concernant la synthèse des dendrimères empruntaient cette stratégie [61, 64, 66, 67, 79]. D'après cette méthode, la croissance a lieu de l'intérieur vers l'extérieur. C'est-à-dire que le dendrimère est préparé à partir d'un cœur plurifonctionnel par la répétition d'une séquence de réactions d'activation et de couplage avec les groupements réactifs complémentaires de monomères. Ainsi, à la fin de chaque cycle réactionnel, l'approche divergente permet d'obtenir un dendrimère d'une nouvelle (plus grande) génération (G1, G2, G3 etc.).

Avec la montée en génération, l'encombrement stérique entre les groupements à la périphérie du dendrimère augmente considérablement. Selon la théorie de « *dense packing state*» de P. De Gennes et H. Hervet, publiée en 1983 [80], il existe donc toujours une limite théorique à la croissance des dendrimères due à la congestion de sa surface. Par exemple, dans le cas de dendrimères PAMAM, la génération limite calculée était de 9-10 tandis qu'en pratique, les difficultés à synthétiser les produits purs ont été observées déjà à partir de 7-8èmes générations. Par conséquent, avec la hausse de la génération, la probabilité de la fonctionnalisation incomplète croît. De plus, si le monomère branché en excès n'a pas été complètement éliminé, de petites impuretés dendritiques peuvent également apparaître. Néanmoins, malgré les inconvénients ci-mentionnées, la méthode divergente demeure toujours une méthode de choix pour les synthèses d'un point de vue préparatif ainsi qu'à l'échelle industrielle [75].

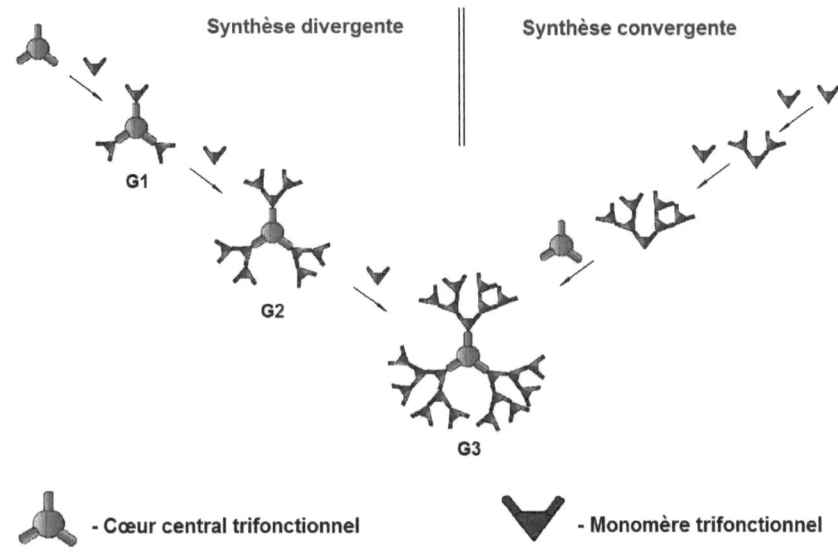

Figure 8. Représentation schématique de deux principales voies d'assemblage des dendrimères, divergente et convergente.

2.2. Voie convergente

Dans le cas de la voie de synthèse convergente, l'assemblage des dendrimères s'effectue par le greffage direct au cœur central plurifonctionnel des dendrons présynthétisés d'une génération appropriée (**Figure 8**). La méthode a été introduite initialement en 1990 par C. Hawker et J.M.J. Fréchet [81, 82]. Cette stratégie permet généralement d'obtenir les produits de plus grande pureté comparativement à l'approche classique divergente, ce qui a été illustré d'une manière bien éloquente par S. Grayson et J.M.J. Fréchet [64] avec les résultats de spectrométrie de masse (**Figure 9**).

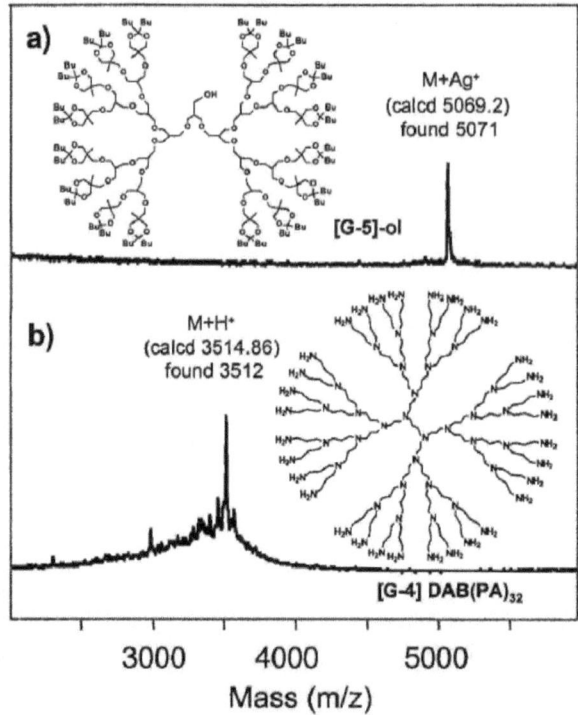

Figure 9. Spectres de masse de dendrimères préparés par les voies convergente (a) et divergente (b) [64].

De plus, la méthode convergente est considérée comme plus versatile car elle pourrait également être utile pour assembler les dendrimères d'une manière que la structure de dendrons change soit symétriquement « en couche » (uniquement possible dans le cas de la voie divergente), soit « en segment », par le greffage au cœur central des dendrons différents (**Figure 10**) [74]. Cela permet donc de mieux adapter l'architecture dendritique aux besoins pratiques. Cependant, il ne s'agit pas d'une stratégie idéale car la synthèse est généralement limitée à l'obtention des dendrimères de 2-3èmes générations. La gêne stérique (cas des dendrons volumineux) empêche significativement le couplage efficace avec le point focal du cœur dendritique, ce qui amène une diminution des rendements réactionnels [50, 64, 75]. Par conséquent, la méthode convergente est rarement utilisée dans l'industrie, en particulier, son application est en ce moment limitée à la production d'une famille de dendrons polyéther commercialisée par Tokyo Kasei Co. Ltd. (Japon) [64].

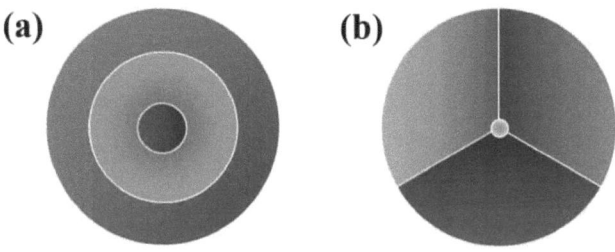

Figure 10. Représentation schématique de deux voies possibles pour changer la structure de dendrons durant l'assemblage des dendrimères « en couche » (a) et « en segment » (b). Adapté de [74].

Une combinaison des deux approches divergente et convergente est également possible. En 1998, H. Ihre et col. ont proposé la synthèse d'un dendron de 4ème génération, en utilisant ces deux stratégies: divergente, pour obtenir un dendron de 2G, et, finalement, convergente, à partir de ce produit de G2, pour synthétiser le dendron de G4 [83]. Plus tard, en 2006, R. Singh Dhanikula et P. Hildgen ont rapporté une méthode d'assemblage de dendrimères entiers, d'abord, par voie divergente (en particulier, pour synthétiser un cœur dendritique polyfonctionnel), ensuite, par la voie convergente (pour greffer les dendrons présynthétisés de première génération), et, finalement, en revenant encore à la voie divergente, en greffant les dendrons de première génération, pour obtenir respectivement les structures de 2ème et 3ème générations [84]. Ainsi, ces assemblages en blocs présynthétisés ont permis de réduire considérablement le nombre des étapes de synthèse, comparativement à l'utilisation d'approches déjà bien connues. Cette stratégie pourrait être efficace dans l'obtention des structures dendritiques « en couche », composées des blocs de différente nature.

Il faut mentionner qu'actuellement, il y a aussi beaucoup de publications concernant les architectures chimiques branchées qui ne présentent cependant pas des structures régulières et symétriques. Par conséquent, elles ne peuvent pas être considérées comme dendrimères et sont exclues de ce livre.

3. Principaux types du nanotransport des molécules actives avec les dendrimères

3.1. Greffage et encapsulation des principes actifs en chimiothérapie antinéoplasique : *pro* et *contra*

L'intérêt que la chimie pharmaceutique porte aux dendrimères, est expliqué, premièrement, par leur capacité d'accueillir des molécules de taille convenable dans les cavités internes et, deuxièmement, par la possibilité d'utiliser le potentiel des groupements périphériques, permettant le greffage de différentes molécules d'une manière covalente [85-92].

Dans ce contexte, la chimiothérapie anticancéreuse (ou antinéoplasique) est un exemple très intéressant à illustrer. Bien qu'il y ait beaucoup d'autres secteurs dans la médecine qui pourraient bénéficier de l'amélioration des paramètres pharmacologiques de médicaments, la chimiothérapie antinéoplasique attire traditionnellement beaucoup plus d'attention chez les chercheurs. Ceci est expliqué, premièrement, par la gravité de la maladie, caractérisée souvent par des traitements coûteux et, dans certains cas, des taux de survie toujours faibles, et, deuxièmement, par le nombre grandissant des patients atteints de cancer (la hausse est estimée à près de 9% annuellement [93]). Une fiche d'information récente de l'Organisation mondiale de la santé (OMS) rapporte que le cancer est une cause majeure de décès dans le monde. En 2007, le nombre de décès a atteint 7,9 millions (environ 13% de tous les décès), ce qui est très alarmant. La mortalité due au cancer, estimée pour 2030, sera de 12 millions [94]. Par conséquent, la chimiothérapie antinéoplasique présente un des segments les plus dynamiques du marché pharmaceutique, et les organismes gouvernementaux, ainsi que les compagnies privées, sont intéressés à investir dans la recherche et le développement de ce type de traitements [95].

D'une manière générale, le cancer est un nom générique qui recouvre plusieurs maladies de nature similaire qui sont associées aux mutations de gènes impliqués dans le contrôle de la croissance cellulaire, division, réparation de l'ADN et de l'apoptose cellulaire [96]. Des dizaines de milliers d'études réalisées sur la chimiothérapie anticancéreuse [38], incluant celles sur l'utilisation des dendrimères [97], ont permis d'élucider et de mieux comprendre l'influence de nombreux facteurs qui sont associés aux spécificités de l'organisme affecté, ainsi qu'aux propriétés du médicament. Dû à la diversité de types du cancer et la quantité énorme de données de recherche accumulées, les résultats de ces études peuvent être extrêmement utiles non seulement pour la thérapie antinéoplasique, mais également pour d'autres traitements médicamenteux liés au ciblage précis de sites pathologiques.

L'approche chimiothérapeutique dans l'oncologie consiste majoritairement à administrer par voie intraveineuse un médicament à base des petites (c'est-à-dire, avec Mm < 1000 Da [28]) molécules cytotoxiques. Ces molécules actives possèdent une faible sélectivité et s'attaquent à toutes les cellules en division rapide de l'organisme, cancéreuses et saines, en réduisant ainsi les effets bénéfiques. D'autres facteurs qui peuvent contribuer à la diminution de l'efficacité des agents antinéoplasiques sont une mauvaise solubilité dans l'eau, la liaison aux protéines plasmatiques, les interactions avec le système réticuloendothélial (SRE) menant à la réponse immunitaire, ainsi que la clairance rénale et hépatique, et une mauvaise internalisation cellulaire [97-101]. L'utilisation des excipients (cosolvants, surfactants etc.) qui sont mal adaptés ou toxiques (par exemple, cyclodextrines [102], huile de ricin modifiée [103] etc.) peut également causer des effets indésirables.

Pour éviter les problèmes ci-mentionnés, une vectorisation avec les dendrimères semble être une solution assez prometteuse. Ces nanotransporteurs unimoléculaires sont beaucoup plus stables que les vecteurs obtenus par l'autoassemblage physico-chimique de plusieurs molécules tels que les liposomes, nanosomes et micelles. De plus, ils présentent des structures bien contrôlables, permettant une meilleure reproductibilité au niveau de la taille, de l'architecture interne et les propriétés de surface [97, 104]. La présence d'éléments structuraux convenables pourrait également augmenter la stabilité de systèmes «dendrimère-principe actif» dans la circulation systémique, assurer un meilleur ciblage et une libération de PA dans le site pathologique visé. Finalement, l'absence des effets toxiques et la biodégradabilité suffisante de ces macromolécules, ainsi que l'élimination facile de produits de la biodégradation (voir plus de détails à ce sujet dans le chapitre 5) pourraient garantir la sécurité biologique de ces systèmes.

Le choix initial de la structure d'un vecteur dendritique est déterminé grandement par la façon avec laquelle le PA est supposé être associé à son nanotransporteur. Dû aux particularités de la structure dendritique, les molécules de principes actifs antinéoplasiques peuvent être soit encapsulées dans les cavités internes au moyen d'interactions physico-chimiques, soit associées par la conjugaison covalente avec les groupements fonctionnels à la périphérie ou dans les couches proches de la surface (**Figure 11**). Les deux stratégies ont déjà montré certains avantages comparativement à l'administration de PA non formulés (« libres ») comme cela a été rapporté dans les cas de composées organiques hydrophobes, méthotrexate (MTX) [105-116], doxorubicine (DOX) [117-133], paclitaxel (PTX) [134-136] [111, 137-140], 5-fluorouracile (5-FU) [141-145], camptothécines [146-151], saporines (ou les protéines inactivant les ribosomes, PIR) [152], chlorambucil [153], 6-mercaptopurine (6-MP) [154], ainsi qu'une substance active non organique, cisplatine [155-157], et l'isotope de bore ^{10}B [158-160].

La stratégie d'encapsulation proposée pour cibler les PA anticancéreux est généralement caractérisée par la simplicité de la procédure d'encapsulation des molécules actives, une solubilité accrue de complexes d'inclusion résultants [105-107, 117-119, 134, 135, 141-144, 153, 161, 162], une diminution du pic plasmatique du PA, lié à une cytotoxicité systémique [144], ainsi que par une distribution améliorée dans la tumeur [141]. Dans certains cas, l'encapsulation amène également une augmentation de la biodisponibilité orale [117]. En outre, étant associée avec le dendrimère de façon non covalente, la molécule active demeure intacte. Elle ne se présente donc pas comme une nouvelle entité chimique, ce qui peut simplifier considérablement le développement pharmaceutique de nouvelles formulations, à moins que le dendrimère-même ne soit pas une NCE [97].

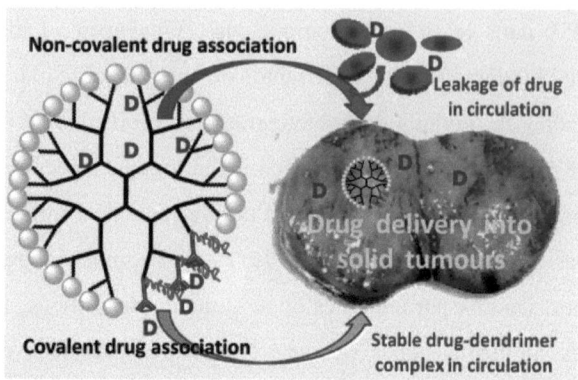

Figure 11. Deux principales stratégies d'utilisation de dendrimères en vectorisation des molécules actives (dans le cas présent, en thérapie antinéoplasique des tumeurs solides): encapsulation non chimique et conjugaison covalente [97].

Néanmoins, un désavantage majeur de l'encapsulation de PA dans les dendrimères est une faible stabilité de complexes d'inclusion dans la circulation systémique, ce qui résulte en relargage trop rapide et incontrôlable de molécules actives («*burst release*»), et, par conséquent, en des taux de ciblage inappropriés [97, 108]. Les principaux mécanismes d'encapsulation et les possibilités d'augmenter le temps de rétention de la charge thérapeutique seront discutés en détails dans le chapitre 4.

Comparativement à la stratégie d'encapsulation physico-chimique, le greffage covalent d'une entité médicamenteuse sur le dendrimère permet de réduire significativement les pertes spontanées du principe actif, tout en bénéficiant de l'augmentation de taux de solubilisation [97]. Cette approche permet l'utilisation des agents thérapeutiques volumineux, comme, par exemple, les protéines inactivant les ribosomes (PIR) [152], ainsi que les combinaisons de PA antinéoplasiques avec les ligands spécifiques aux cellules tumorales [109, 163-167]. Le choix d'un segment de liaison (ou « *linker* ») sensible au microenvironnement tumoral (hydrazone [123,

125-127, 133], carboxylate [155], cis-aconityle [122, 128, 129], dérivé thiolé du maléimide [132], bisulfures [138], peptides sensibles aux métalloprotéases matricielles (MMPs) 2 et 9 [113, 168, 169]) peut également rendre le relargage mieux ciblé. Il est cependant à signaler que cette stratégie de conjugaison covalente a également des limitations importantes. En particulier, le fait qu'il est très difficile de trouver un signal biologique spécifique (pH, température, composé chimique particulier etc.) caractérisant la tumeur et pouvant ainsi servir un déclencheur universel du relargage du PA, peut amener à une libération non ciblée ou trop lente pour être efficace *in vivo* [6, 28, 97, 170]. Pour augmenter le contrôle de la vectorisation au moyen d'un déclencheur externe, un *linker* sensible à l'UV a été récemment proposé [171]. Les résultats intéressants ont été également obtenus dans le cas de la génération de particules alpha dans les tumeurs, sous l'effet de neutrons sur les isotopes de bore ^{10}B attachés à la surface dendritique [158-160]. Parmi les inconvénients, il faut également noter que l'utilisation de certains *linkers* peut causer une libération des formes moins actives que la molécule médicamenteuse libre, comme, par exemple, dans le cas de MTX lié au dendrimère par un espaceur peptidique [113] ou les dérivés cycliques de DOX associé avec le carboxylate d'hydrazone [124]. Étant donné que le principe actif reste à la surface du dendrimère, il existe le risque de modification de sa structure dans l'organisme bien avant d'atteindre le site d'action [113]. Le facteur économique est aussi à ne pas négliger car la conjugaison covalente nécessite des étapes supplémentaires de transformation chimique et de purification, ce qui augmente le coût du produit final [97]. En outre, une fois modifiée chimiquement, la molécule active devient une NCU, ce qui nécessite un processus supplémentaire d'approbation tel que mentionné plutôt.

Ainsi, de très nombreux facteurs vont déterminer le choix final de la stratégie du nano-transport liée à l'utilisation des nanovecteurs dendritiques pour traiter les tumeurs solides. Malgré tous les désavantages ci-haut mentionnés, en ce moment, la stratégie de conjugaison covalente est habituellement considérée comme ayant plus d'avenir, dû, principalement, à la stabilité plus grande dans la circulation systémique par rapport à l'encapsulation [97, 108].

Il est cependant à noter qu'en dépit des centaines d'articles exposant les avantages potentiels de dendrimères en thérapie antinéoplasique, aucune formulation de ce type n'est encore présente dans le marché pharmaceutique. Parmi les obstacles majeurs, à la commercialisation de dendrimères en tant que nanovecteurs médicaux, on peut trouver la durée des essais cliniques et du processus d'approbation par FDA, ainsi que le coût très élevé de la production compte tenu de la synthèse chimique multiétape [78]. En particulier, la durée du stade incluant les essais cliniques et du processus d'approbation par FDA prend en moyenne 6-8 ans [38]. Le grand coût de la production industrielle de dendrimères peut finalement résulter en une non-compétitivité avec les nanosystèmes déjà approuvés et moins chers (liposomes [35, 38]) ou d'autres systèmes en plein développement (polymères [78], par exemple, Transdrug®, présentant la DOX encapsulée dans les nanoparticules polyalkylcyanoacrylates, est en phase 3 des essais cliniques [172]). Néanmoins, il y a aussi d'autres phénomènes plus fondamentaux qui pourraient expliquer la situation actuelle avec les dendrimères dans les traitements de tumeurs solides. Dans ce contexte, une attention particulière devrait être accordée au rôle de l'effet de perméabilité et rétention accrues (ou l'effet EPR, l'abbreviation de *Enhanced Permeability and Retention effect*) dans le ciblage de tissus tumoraux avec les nano-objets.

3.2. Chimiothérapie antinéoplasique et l'effet EPR

Actuellement, la majorité des équipes de recherche indiquent qu'une sélectivité de dendrimères [46, 97, 108, 118, 154, 173-175] (d'ailleurs aussi comme des autres nanovecteurs [28, 30, 33, 45, 175-178]) par rapport aux néoplasies cancéreuses est déterminée grandement par l'effet de perméabilité et rétention accrues. Comme déjà mentionné, le terme pharmacologique le plus souvent utilisé pour désigner cet effet est « l'effet EPR ». Dans ce cas, les vaisseaux sanguins tumoraux possèdent des lacunes importantes comparativement à la majorité des tissus sains. Cette particularité, ainsi que la fonction très affaiblie du drainage lymphatique, résulte en l'accumulation passive de nano-objets dans la tumeur avec le temps (**Figure 12**).

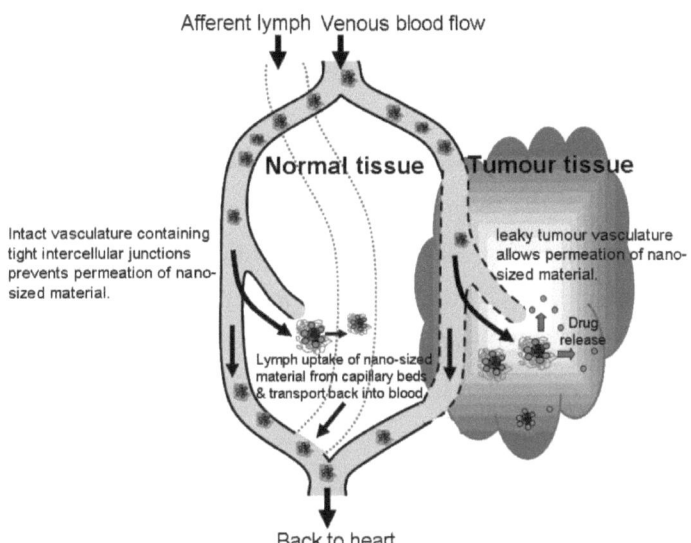

Figure 12. Schéma de l'alimentation sanguine et lymphatique de tissus normaux et tumeurs solides. Les vecteurs de taille nanométrique, chargés de molécules actives, peuvent pénétrer dans les tumeurs solides grâce à l'effet de perméabilité vasculaire accrue et une augmentation de rétention due à l'absence du drainage lymphatique. La vascularisation dans les tissus non cancéreux est généralement peu perméable pour des nanoparticules et des macromolécules, bien que des macromolécules telles que l'albumine puissent s'extravaser par les fenestrations capillaires ou par le mécanisme de transcytose actif. Une fois présent dans l'interstitium, ils sont livrés vers la circulation systémique par le système lymphatique [97].

Par conséquent, on pourrait raisonnablement s'attendre que l'augmentation de la stabilité des nanovecteurs chargés de PA dans la circulation systémique soit bénéfique au ciblage tumoral. En particulier, ces conditions préalables sont à la base d'allégations selon lesquelles la conjugaison covalente des molécules actives avec les dendrimères serait plus efficace dans les traitements de tumeurs solides [97, 108] (voir aussi la section précédente).

Malgré tout cela, depuis la première publication du groupe de Prof. Hiroshi Maeda en 1985 [179, 180], les recherches liées au rôle exceptionnel de l'effet EPR en nano-vectorisation cancéreuse, ne montrent que des résultats très modestes pendant les essais cliniques chez l'humain. Dans la majorité des cas, l'amélioration de l'efficacité du ciblage par rapport au PA libre ne constituait que quelques pourcents de la dose injectée. Ainsi, plus de 90% (très souvent >95%) du médicament administré sous forme de nanovecteurs « bénéficiant de l'effet EPR » se retrouvent toujours dans des parties non ciblées de l'organisme, en causant des effets toxiques importants [6, 45, 175]. Par conséquent, bien que depuis plus que 25 ans, le nombre d'article concernant la nano-vectorisation ne cesse de progresser, la mise sur le marché de nano-systèmes, incluant les dendrimères, soit toujours très problématique. Les grandes compagnies pharmaceutiques trouvent que le passage aux nanoformulations n'est pas encore économiquement justifié, étant donné la très faible augmentation en efficacité thérapeutique attendue [38].

Une des raisons expliquant cette situation avec les nanovecteurs ciblant les tumeurs solides est une interprétation inadéquate du rôle de l'effet EPR sur laquelle se base la plupart des travaux de recherche dans ce domaine (incluant ceux sur les dendrimères). En effet, bien que bel et bien présent chez les tissus tumoraux, le phénomène EPR nécessite de respecter également d'autres paramètres biologiques afin d'en obtenir les meilleurs résultats possibles. En particulier, pour les nano-objets qui pourront éviter des interactions rapides avec les constituants de la circulation systémique (l'opsonisation par les protéines plasmatiques et la séquestration par les macrophages, l'adsorption par l'endothélium des vaisseaux sanguins etc. [6, 181]), leur bio-distribution sera déterminée grandement par leurs diamètres hydrodynamiques. Par exemple, les pores des glomérules rénaux de 6 nm favorisent l'élimination du sang de particules de moins 5,5 nm [24]. Les fenestrations dans l'endothélium des vaisseaux sanguins d'autres tissus sains, généralement, de 4,5 à 25 nm [182], allant jusqu'à 100-175 nm dans le cas des vaisseaux sanguins hépatiques [183], permettent ainsi l'extravasion de particules encore plus grandes. Finalement, les lacunes dans l'endothélium des tumeurs solides peuvent atteindre 380-780 nm [184], résultant respectivement en l'extravasion d'objets de tailles similaires. Par conséquent, pour bénéficier efficacement de l'effet EPR (compte tenu du diamètre maximal de 500 nm, permettant la pénétration de particules à travers la membrane cellulaire), le vecteur devrait avoir le diamètre environ de 400 nm [45]. Une autre limitation à prendre très au sérieux est que dans les cas d'inflammations (par exemple, la polyarthrite rhumatoïde) et l'ischémie cardiaque et intestinale, les vaisseaux sanguins ont également des lacunes semblables à celles de tissus cancéreux, ce qui peut aussi se répercuter sur l'efficacité du ciblage [6]. Il est donc très important de s'assurer de l'absence de tels processus internes avant de procéder à un traitement antinéoplasique de ce type.

Dans ce contexte, il est intéressant de noter que la taille d'environ 400 nm, suggérée pour le ciblage basé sur l'effet de perméabilité et rétention accrues, ne correspond pas à la majorité des nanovecteurs proposés à cette fin. En outre, les particules de 400 nm ne pourraient même pas être classées comme nano-objets classiques dont la taille ne devrait pas être supérieure à 100 nm, selon les données de l'Initiative Nationale de Nanotehnologie (*National Nanotechnology Initiative* http://nano.gov/nanotech-101/what/definition). En particulier, le terme plus approprié pour désigner les particules supérieures à 100 nm est «objets submicroniques».

Pour les dendrimères (présentés souvent comme nanocapsules unimoléculaires), ces données peuvent signifier des conséquences encore plus dramatiques car aucune des structures dendritiques jamais synthétisée n'a atteint cette taille. Par exemple, le dendrimère PAMAM avec un cœur à base d'éthylène diamine de 10ème génération (la génération limite à cause des effets stériques empêchant la transformation complète ultérieure de tous les groupements aminés sur la surface) a le diamètre de seulement 13 nm [50]. Ainsi, l'assemblage chimique de molécules dendritiques de plusieurs centaines nanomètres présenterait donc un énorme défi non seulement au niveau technique, mais aussi au niveau économique. Même en absence des gênes stériques, une synthèse de structures pareilles à partir de petites molécules nécessiterait plusieurs centaines d'étapes chimiques et de purification. Par conséquent, le cout d'une production à grande échelle, basée sur cette approche deviendrait trop élevé.

Pour contourner ce problème de taille insuffisante, une des solutions possibles serait d'élaborer des vecteurs dendritiques supramoléculaires. En particulier, certaines études indiquent que la taille de particules dendritiques observée expérimentalement était supérieure à celle attendue pour les systèmes présentant des macromolécules distinctes, par exemple [75, 84, 143, 173, 185-187], ce qui suggère la formation spontanée de structures multimoléculaires. De plus, les données récentes montrent la possibilité d'obtenir des agrégats sphériques à deux couches (semblables aux liposomes), composés de molécules dendritiques (dendrimérosomes) de 2 à 50 μm [188]. Beaucoup plus prometteuses ici pourraient être les architectures ramifiées non symétriques, ayant les propriétés amphiphiles, comme montré dans le cas de copolymères branchés en bloc, pouvant former des micelles de 150-190 nm [189-191]. Ceci pourrait ainsi ouvrir d'autres perspectives pour élaborer de nouveaux vecteurs dendritiques de PA, bénéficiant de l'effet EPR. Cependant, dans ce cas, il faudrait réviser le concept de la « boîte moléculaire » dendritique et effectuer les études supplémentaires pour clarifier le comportement de structures ramifiées de différentes familles au niveau de la stabilité et du contrôle de la taille de leurs agrégats supramoléculaires.

Comme conclusion, il y a actuellement un besoin pour élaborer des approches alternatives afin d'augmenter le taux de ciblage des tumeurs solides avec les vecteurs dendritiques. Néanmoins, sans changements importants, on ne peut pas espérer de grands développements dans un futur proche de l'utilisation de dendrimères en tant que nanotransporteurs unimoléculaires.

3.3. Perspectives liées à l'utilisation des nanovecteurs dendritiques dans des traitements théarapetiques spécifiques

L'exemple de la section précédente, présentant les perspectives de l'utilisation des dendrimères dans les traitements des tumeurs solides, met en évidence l'importance de prendre en compte tous les facteurs impliqués dans l'efficacité de futurs nanovecteurs de PA (physicochimiques, biologiques, économiques). Ce n'est donc qu'avec cette approche globale du problème de vectorisation qu'on puisse espérer trouver de meilleures solutions, permettant de tirer le maximum d'avantages de chaque type des nano-transporteurs, dépendamment des objectifs pharmacologiques visés [20, 76, 172, 181, 192-194].

Dans ce contexte, les agents d'encapsulation à base de dendrimères pourraient être prometteurs dans les cas où la taille n'excédant pas quelques dizaines nanomètres et la stabilité modérée du système « vecteur-PA » constituent plutôt des avantages. Parmis les traitements médicaux dans lesquels les dendrimères peuvent potentiellement se retrouver très utiles, il convient de noter les thérapies anti-inflammatoire et analgésique, immunosupressive, anti-thrombotique, myotique et mydriatique, antibactérienne, antifongique etc. En particulier, étant encapsulé dans un nanovecteur dendritique à l'architecture convenable, le PA hydrophobe serait susceptible d'être plus soluble dans les milieux aqueux, ce qui faciliterait sa distribution dans la circulation sanguine, essentielle dans le cas des traitements systémiques. De plus, en dehors d'améliorations au niveau de la solubilité, la taille nanométrique et uniforme des dendrimères pourrait être bénéfique pour pénétrer efficacement les membranes biologoques dont la présence est concidérée souvent comme étant un facteur limitatif important de l'efficacité thérapeutique du médicament.

En effet, les résultats récents montrent que les dendrimères peuvent encapsuler efficacement les agents anti-inflammatoires et analgésiques hydrophobes, comme rapporté, par exemple pour le piroxicam [195], l'indométacine [196-198], cortisol [71], ibuprofène [104], flurbiprofène [199], ketoprofène [200, 201], et diflunisal [201], aspirine [202]). Ici, l'utilisation des vecteurs dendritiques est justifiée par la possibilité d'exploiter la perméabilité des vaisseaux sanguins accrue ayant lieu dans les tissus en état d'inflammation [6]. Dans ce cas, il y a donc une grande similarité avec l'effet EPR utilisé pour cibler les tumeurs avec les agents antinéoplasiques comme décrit précédemment dans la section 3.2. Par conséquent, cette approche nécessite également de prendre très au sérieux les facteurs pouvant limiter l'efficacité du traitement tels que la taille et les propriétés physico-chimiques de la surface du vecteur.

Les dendrimères peuvent se retrouver utiles pour encapsuler les molécules actives hydrophobes dans le cas de certains immunosupresseurs (acide mycophénolique [203]), inhibiteurs de la transcriptase inverse (lamivudine [204], utilisé dans les traitements antiviraux du VIH et de l'hépatite B), agents antithrombotiques (enoxaparin [205]), myotiques et mydriatiques (nitrate de pilocarpine et tropicamide [206]), antipaludiques (phosphate de chloroquine [207], utilisé contre *Plasmodium*, protozoaire parasite), anti-hypertensifs (nifédipine [211]), sédatifs (phénobarbital [208]), ainsi que des vitamines (acide nicotinique [213], acide tout-*trans*-rétinoïque [162] et β-carotène [84]). Les avantages principaux qui peuvent être tirés de l'encapsulation de principes actifs dans les dendrimères sont basés sur la capacité de ces macromolécules de conférer aux complexes d'inclusion résultants une solubilité dans l'eau, ainsi que la stabilité élevée dans la circulation systémique.

Les agents d'encapsulation dendritiques sont également prometteurs pour des traitements antiulcéreux, par exemple avec la famotidine [198]. En particulier, la taille nanométrique serait bénéfique pour traverser la couche de mucus présentant dans certains cas un obstacle très difficile à franchir.

Les dendrimères ont été également proposés pour encapsuler les principes actifs antibactériens (sulfaméthoxazole [208, 209], gatifloxacin [210]) et antifongiques (amphotéricine B [198], tioconazole, acides benzoïque et salicylique [212]). Dans ce cas, on peut également s'attendre à ce que les dendrimères puissent pénétrer efficacement les biofilms formés par ces agents pathogènes. En particulier, le biofilm est une matrice extracellulaire sécrétée par certaines bactéries et champignons, exerçant le rôle de biofiltre sélectif, permettant la meilleure protection de la population de cellules pathogènes contre les mécanismes de protection de l'organisme-porteur, ainsi que contre les molécules actives antifongiques. Parmi les facteurs qui contribuent à la fonction protectrice élevée de biofilms, il est à mentionner la densité de la matrice extracellulaire, la présence des « persistants », des pompes d'efflux, ainsi que des cibles thérapeutiques en excès. Il est à noter que depuis plusieurs décennies, malgré les avancées importantes en médecine, le nombre de patients atteints d'infections bactériennes et fongiques est en croissance. Ceci est généralement dû à l'augmentation des cas liés à la suppression du système immunitaire (cancer, transplantation d'organes, SIDA, etc.), ce qui diminue la résistance naturelle de l'organisme. Ainsi, dans les traitements médicamenteux des infections de ce type, les systèmes de nanovectorisation à base des dendrimèrs peuvent être potentiellement très en demande.

Néanmoins, il faut souligner que les perspectives thérapeutiques liées à l'usage des nanovecteurs dendritiques mentionnées ci-haut seront justifiées uniquement s'il s'agit des preuves assez fiables de la formation des « nanocapsules unimoléculaires ». Dans la majorité des cas, les résultats des analyses concernant la mesure de la taille des particules formées par les systèmes dendritiques dans des milieux aqueux suggèrent qu'il s'agit plutôt de la formation des agrégats à base des dendrimères. Par conséquent, le concept classique de la « boîte monomoléculaire » dendritique ne devrait normalement pas être utilisé. Ce phénomène est souvent observé même dans le cas des dendrimères ayant la surface hydrophile, par exemple celle formée par les groupements PEG et leurs nombreux dérivés. Ainsi, une attention particulière devrait être accordée à ce fait surtout quand l'aspect thérapeutique est basé principalement sur l'effet de la taille, ce qui est cependant « négligé » très souvent par la majorité des chercheurs travaillant dans le domaine de vectorisation.

En conclusion de ce chapitre, il convient de noter que l'encapsulation physicochimique de molécules actives est généralement plus économique que le greffage covalent. Afin de profiter efficacement de cette stratégie et, en même temps, de contourner les inconvénients liés au problème de relargage prématuré des PA encapsulés, plusieurs approches liées aux aspects structuraux sont présentement proposées. De plus, la possibilité de former des structures supramoléculaires, composées de plusieurs dendrimères, pourrait également contribuer au ralentissement de la libération des molécules actives, ainsi que dans la diminution de la clairance rénale. À cet égard, une élaboration de nouveaux agents d'encapsulation dendritiques, plus performants et adaptés pour la livraison de PA hydrophobes, nécessite d'abord la compréhension des mécanismes d'interactions de dendrimères avec les molécules actives et certains constituants de systèmes biologiques. Ainsi, le chapitre suivant sera une occasion de présenter ces mécanismes plus en détails.

4. Dendrimères comme nanocapsules des molécules actives

4.1. Encapsulation par les dendrimères. Information générale

La présence des cavités internes dans l'architecture hautement branchée, ainsi qu'une possibilité de bien contrôler la taille et les propriétés de surface, font des dendrimères un objet très attrayant en tant que «boîte moléculaire» pour encapsuler des petites molécules. Comme déjà mentionné précédemment, les avantages qu'on pourrait avoir avec l'encapsulation de PA hydrophobes dans les dendrimères, sont généralement des améliorations au niveau de la solubilisation et la biodistribution, ce qui finalement amène à sa meilleure biodisponibilité.

Historiquement, le concept théorique de captation des petites molécules par des macromolécules branchées a été suggéré pour la première fois en 1982 par M. Maciejewski [214]. La première publication concernant l'encapsulation des molécules actives par des structures dendritiques remonte à 1989, quand A. Naylor et col. du groupe de D. Tomalia ont étudié l'encapsulation de l'aspirine par les dendrimères PAMAM [202]. Au moment de la rédaction de ce livre, l'encapsulation de plusieurs dizaines de PA par des dendrimères a été décrite.

D'une manière générale, le principe d'encapsulation est basé sur les interactions non covalentes (sans formation des nouvelles liaisons covalentes) entre la structure moléculaire du dendrimère et celle de l'agent thérapeutique, telles que des interactions électrostatiques, hydrophobiques, π-π, ponts hydrogènes, ainsi que les effets de l'immobilisation stérique [71, 192, 215]. Dans ce cas, il n'y a donc pas des changements au niveau de la structure chimique de la molécule active, et le dendrimère ne devrait normalement exercer que la fonction d'un excipient, permettant uniquement d'améliorer certaines caractéristiques du médicament, sans présenter aucune action pharmacologique propre.

Dépendamment de l'architecture du squelette dendritique et de la structure de la molécule active, différents mécanismes physicochimiques sont responsables de l'efficacité d'encapsulation.

4.2. Mécanismes d'encapsulation par les dendrimères PAMAM, PPI et leurs dérivés

Les structures dendritiques les plus étudiées comme agents de nanoencapsulation de PA sont majoritairement représentées par PAMAM, PPI (**Figure 6**) et leurs dérivés. Ceci est dû principalement à la disponibilité commerciale de longue date de ces composés. En outre, les groupements périphériques de ces dendrimères, présentés par les fonctions aminées, peuvent être facilement modifiés, permettant de changer au besoin les propriétés de surface. Ainsi, malgré les caractéristiques potentiellement peu prometteuses au niveau de la biocompatibilité (voir plus de détails dans le chapitre 5), PAMAM et PPI sont présentement considérés comme les structures dendritiques les plus utilisées dans les travaux de recherche en vectorisation de PA [97].

Généralement, l'efficacité d'encapsulation est définie par la nature des groupements chimiques qui se retrouvent dans les parties internes et à la périphérie des dendrimères. Ces groupements déterminent les types d'interactions avec les molécules de PA, en permettant d'abord de les accueillir, ensuite, de les retenir l'intérieur (voir, de former des complexes d'inclusion) et, finalement, de les relarguer (si possible, au moment opportun). Les squelettes de PAMAM et PPI (**Figure 6**) contiennent des fonctions aminées primaires et tertiaires, qui favorisent le piégeage des molécules actives par l'intermédiaire des liaisons électrostatiques (ou ioniques), des ponts hydrogènes et des interactions hydrophobes [71, 97, 104, 203].

Étant donné que l'impact énergétique des forces ioniques est le plus élevé dans les interactions physico-chimiques en question [208], la présence des groupements fonctionnels ionisés dans les structures dendritiques et celles de PA peut influer grandement sur le processus d'encapsulation. En particulier, les possibilités d'interactions électrostatiques, présentées par les groupements aminés de dendrimères PAMAM et PPI, sont généralement réservées aux molécules actives portant les fonctions acides, par exemple, MTX [107], chlorambucil [153], l'indométacine [196, 197], ibuprofen [104], flurbiprofen [199], ketoprofen [200, 201], diflunisal [201], enoxaparin [205] et acides mycophénolique [203], acétylsalicilique [202], nicotinique [213], benzoïque, salicylique [212] etc. Dans ce cas, l'encapsulation s'effectue en deux principales étapes : d'abord, par les interactions électrostatiques avec des amines de surface et, ensuite, avec des azotes tertiaires de l'intérieur [71, 97, 104, 203, 216] (**Figure 13**). Les interactions électrostatiques, impliquées ainsi dans la captation de PA et la stabilité de complexes d'inclusion résultants, montrent une grande dépendance des valeurs pH du milieu (voir plus de détails dans la section 4.4.1).

Il est aussi rapporté qu'un renforcement des interactions électrostatiques est lié avec la montée en génération, ce qui résulte en des taux d'encapsulation plus élevés [146, 216]. Néanmoins, ceci est également observé pour les PA non acides (comme rapporté, par exemple, pour camptothecines [146], piroxicam [195], nifedipine [211], sulfaméthoxazole [209], phénobarbital [208] etc.), dû au volume des cavités internes plus grand par rapport aux dendrimères de petites générations et à la possibilité d'autres types d'interactions (ponts hydrogènes et hydrophobes).

Dans ce contexte, une approche hybride originale a été proposée par M. Kramer et col. du groupe de R. Haag [217]. Dans cette approche, un cœur dendritique polyéthylèneimine (PEI, analogue de PPI) de pseudo G3 a été d'abord synthétisé, et, ensuite, par les étapes répétitives de greffage, les dendrons de PPI et PAMAM ont été implantés. Les pseudodendrimères obtenus de 5 à 25 kDa ont été trouvés efficaces pour l'encapsulation et la transfection intracellulaire de macromolécules comme l'ADN.

Les modifications chimiques de la surface PAMAM et PPI peuvent également se répercuter sur les mécanismes d'encapsulation. Les groupements périphériques hydroxyles sont responsables de la formation de ponts hydrogènes faibles [97, 108, 142, 206, 212], tandis que les esters maintiennent les interactions hydrophobes [97, 211, 218] (**Figure 13**). La présence des carboxyles pourrait être bénéfique pour former les complexes d'inclusion plus stables avec les PA faiblement basiques (par exemple, avec la pilocarpine [206]).

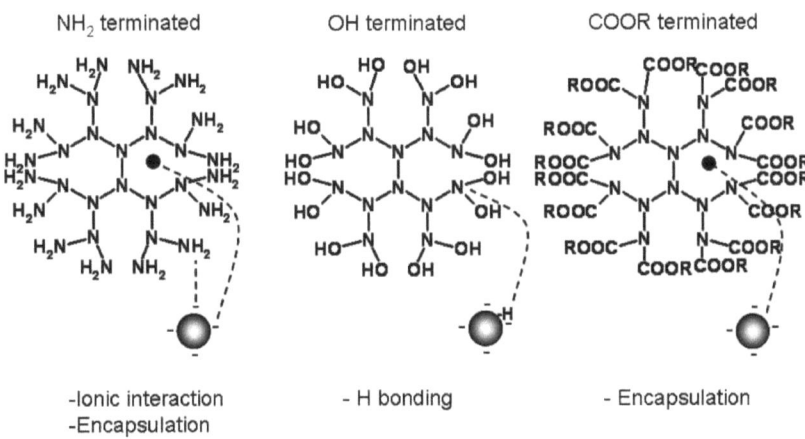

Figure 13. Mécanismes généraux de l'association non covalente des molécules actives faiblement acides et hydrophobes, ayant lieu dans le cas de dendrimères PPI et PAMAM avec différentes fonctions de surface [97].

Un rôle particulier est dévolu au greffage de chaines PEG à la surface de PAMAM et PPI [97, 219]. Ce type de transformation est reconnu pour avoir des effets positifs au niveau de la solubilité dans les milieux aqueux, de la réduction des effets toxiques, ainsi que de l'apparition de propriétés de « furtivité » (ou « *stealth* ») par rapport au SRE de l'organisme. De plus, la PEGylation peut aussi augmenter le taux d'encapsulation de médicaments, par rapport aux macromolécules non modifiées. Par exemple, la fixation de chaînes MeO-PEG à la périphérie de PAMAM a permis d'encapsuler plus de MTX et DOX, dans le cas de PAMAM G3 et G4 portant MeO-PEG550 et MeO-PEG2000 [220], et plus de 5-fluorouracile par PAMAM G5 avec les chaines MeO-PEG5000 [144]. Il est également à noter que dans ce cas, la charge thérapeutique augmentait avec l'accroissement de la longueur de PEG greffé. Ceci peut être expliqué par la croissance du volume global des macromolécules, ainsi qu'aux liaisons hydrogènes faibles, pouvant être formées avec les atomes d'oxygènes des chaines PEG. Néanmoins, H. Yang et col. ont rapporté que les chaines PEG5000 greffées sur PAMAM G3 sont moins efficaces que les chaines PEG2000 dans l'optimisation de taux d'encapsulation. Ceci a été expliqué par la formation d'agglomérats où les chaines PEG5000 de surface pénétraient à l'intérieur des dendrimères voisins, en réduisant ainsi le volume global des cavités internes disponible pour l'encapsulation [221]. Plus tard, cette explication a été cependant mise en doute par H. Lee et R. G. Larson dont les résultats de simulation *in silico* ont indiqué qu'une telle diminution en capacité de charge serait plutôt due aux autorepliements de longues chaines PEG5000 vers l'intérieur PAMAM G4, G5 et G7, comparativement aux chaines plus courtes de PEG550. Ainsi, une structure dendritique portant les chaines PEG égales ou supérieures à 5000 Da s'empêche elle-même d'atteindre le maximum de chargement possible [222]. Malgré cette importante conclusion, il reste à clarifier la longueur critique de PEG périphériques, menant à l'autorepliement. Les données rapportées ne sont définitivement pas suffisantes pour décrire le comportement de systèmes dans l'intervalle assez large de 2000 à 5000 Da. Néanmoins, ces résultats sont en concordance avec une autre étude très récente, réalisée avec les produits dendritiques Boltorn^{TM} (voir plus de détails sur ces produits dans la section 4.3). En particulier, il a été noté que l'efficacité d'encapsulation du DOX diminue de dendrimères portant les chaines PEG5000 à ceux avec les PEG10000 [173].

D'autres types moins répandus de modification de surface PAMAM et PPI ont aussi montré des résultats très intéressants. Par exemple, le greffage de 33 molécules de mannose sur le dendrimère PPI G5 a permis d'atteindre un taux d'encapsulation du lamivudine plus élevé (avec l'accroissement jusqu'à 8%) et, également, la durée de relargage du PA plus prolongée (d'environ 6 fois) par rapport à la structure non modifiée. Ces effets bénéfiques ont été expliqués par l'augmentation du nombre de groupements disponibles pour la complexation, ainsi que par l'apparition de gènes stériques empêchant la charge thérapeutique de sortir librement [204].

Dans le cas de greffage de polysaccharides, en particulier, du dextran de Mw 60 kDa, une libération prolongée de DOX a été aussi notée. Ceci a été interprété comme étant dû à l'influence favorable du volume accru de dendrimère résultant [118].

Parmi d'autres chaines polymériques attachées aux dendrimères PAMAM, il faut mentionner le poly(N,N-dimethylaminoethyl methacrylate) (ou DPMA) et le peptide HAIYPRH (T7) conjugué avec PEG. Par exemple, les PAMAM G3 portant respectivement 2, 4 et 6 fragments DPMA ont montré une capacité à libérer le chlorambucil de façon beaucoup plus lente que le PAMAM G3 non substitué. De plus, la vitesse de libération observée *in vitro* variait dépendamment du pH (plus grande à pH 1,4 qu'à pH 10) [153]. Les résultats encore plus significatifs au niveau de relargage prolongé ont été obtenus après le greffage sur PAMAM G5 du peptide, un ligand spécifique du récepteur transferrine (T7), via l'espaceur PEG3500. Dans ce cas, le taux de la prodrogue à base de DOX et un facteur de nécrose tumorale humain (pORF-hTRAIL), libéré dans le tampon phosphate salin (PBS) à pH 7,4 n'a pas dépassé 22% après 120 h du test [120].

La fixation de l'acide folique (AF) à la périphérie de PAMAM et PPI est considérée bénéfique pour améliorer non seulement l'internalisation intracellulaire du vecteur, mais aussi l'efficacité d'encapsulation. Par exemple, il a été rapporté que la présence de molécules de l'AF conjuguées à la surface de PAMAM G4 [141, 197], PAMAM G5 hydroxylé [108] et PPI G5 [119] amenaient à un relargage plus lent, respectivement, de l'indométacine, 5-FU, MTX et DOX, comparativement aux dendrimères non modifiés. Il a été rapporté que le greffage de l'AF peut être aussi effectué par l'intermédiaire de l'espaceur volumineux PEG4000. Dans le cas du PAMAM G4, cette approche a permis d'atteindre les meilleurs résultats liés à la libération du 5-FU (**Figure 14**) [141].

L'efficacité de l'AF au niveau de rétention de PA à l'intérieur du dendrimère est généralement liée aux interactions à la fois hydrophobes et stériques accrues entre le dendrimère et les molécules encapsulées [197]. Néanmoins, l'impact d'interactions hydrophobes dans ce processus est controversé et a été remis en cause par l'étude sur l'encapsulation du cortisol par les dendrimères PPI G3 et G4, portant les groupements méthoxy-tétraéthylène glycol (MeO-TEG) à la surface. Dans ce cas, l'insertion de chaînes lipophiles de n-hexane, entre le cœur PPI et la couche externe de MeO-TEG, n'a pas mené à des améliorations au niveau du taux de charge du PA [71]. Ceci pourrait être dû à l'impact très faible des forces de van der Waals, responsables pour l'attraction hydrophobe, sur la rétention du cortisol. En particulier, la présence de groupements polaires comme hydroxyles et carbonyle dans la molécule du cortisol favorise d'autres types d'interactions physicochimiques qui sont énergétiquement plus fortes. Ainsi, pour les PA hydrophobes, portant des groupements polaires ou facilement polarisables, une rétention par des effets stériques à la surface, pour empêcher de sortir de la « boîte dendritique », semble être plus prometteuse.

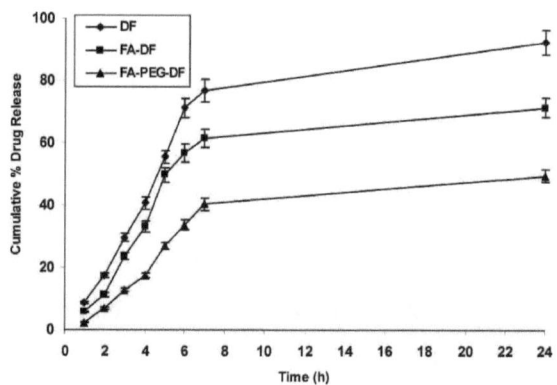

Figure 14. Libération du 5-flourouracile (dans l'eau), encapsulé préalablement dans les dendrimères PAMAM G4: non modifié (DF), modifié par le greffage directe de l'AF sur la surface (FA-DF), modifié par le greffage de l'AF par l'intermédiaire du PEG4000 (FA-PEG-DF) [141].

Dans ce contexte, une stratégie qui consiste juste à créer un maximum d'effets stériques à la surface dendritique, devrait tout de même être considérée avec beaucoup de précautions. Par exemple, dans le cas du dendrimère PPI G4 dont la périphérie a été modifiée par le greffage de groupements phényles et N-*tert*-butoxycarbonyle (*t*-BOC) (**Figure 15**), le relargage du Rose Bengale encapsulé n'a été possible qu'après l'hydrolyse à reflux dans 12 N HCl [218]. De toute évidence, ces conditions ne sont pas réalistes pour des applications thérapeutiques.

Il est également à noter que l'utilisation d'espaceurs qui sont mal adaptés pour diminuer les effets stériques de groupements terminaux, ne conduisent pas à des résultats encourageants. Par exemple, une tentative d'attacher les t-BOC au moyen de l'espaceur PEG5000 sur le dendrimère PAMAM G4 avait un très faible impact sur les paramètres de relargage du PA. En outre, les résultats de libération du MTX (dans le tampon isotonique jusqu'à 75% après 2 h) étaient identiques même en faisant varier le nombre d'unités tBoc-NH-PEG5000-NHS greffées [107]. Par conséquent, une stratégie basée sur la rétention de PA par des effets stériques, créés à la surface du dendrimère, nécessite des approches plus élaborées. En particulier, de telles approches devraient tenir compte non seulement des dimensions des molécules encapsulées et des cavités disponibles dans l'architecture dendritique, mais aussi des possibilités de gérer efficacement les processus de captation et de libération.

Une solution très intéressante pour rendre les procédures d'encapsulation et de relargage plus contrôlables, consiste à utiliser les dendrimères PPI [223-226] et PAMAM [227] à extrémités azobenzènes (**Figure 16**).

Sensibles à la fois à la lumière UV, au pH et aux enzymes qui clivent la fonction azo, les dendrimères seraient ainsi capables de libérer les PA anioniques et hydrophobes dans les conditions convenables. Par exemple, l'action de l'irradiation UV peut causer des changements conformationnels chez les unités azobenzène, résultant en piégeage par effets stériques et hydrophobes. La possibilité de protonation du groupement azo dans les milieux acides amène à la dépendance du pH et, de ce fait, augmente l'impact des interactions électrostatiques (**Figure 17**). Il faut cependant noter que les études sur l'encapsulation avec les structures dendritiques de ce type sont majoritairement limitées aux petites molécules qui présentent des matières colorantes (par exemple, eosin [223-226]).

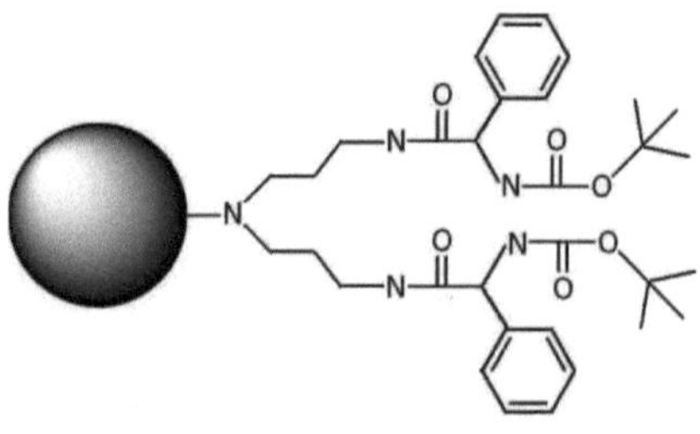

PPI G4

Figure 15. Dendrimère PPI G4 avec la surface modifiée par le greffage de groupements phényles et *t*-BOC.

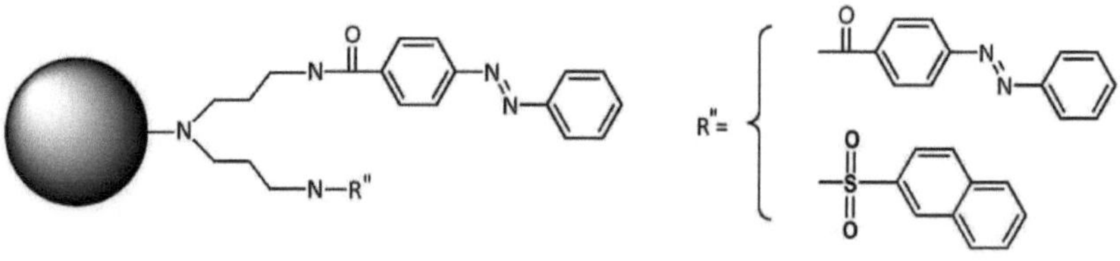

PPI G4

a.

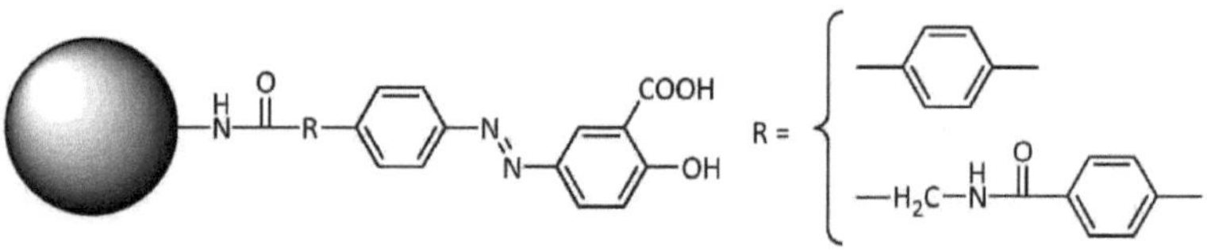

PAMAM G3

b.

Figure 16. Dendrimères PPI (a) et PAMAM (b) portant les unités azobenzènes à la périphérie, sensibles au pH, à la lumière et aux enzymes qui clivent la fonction azo, proposés pour la vectorisation des principes actifs.

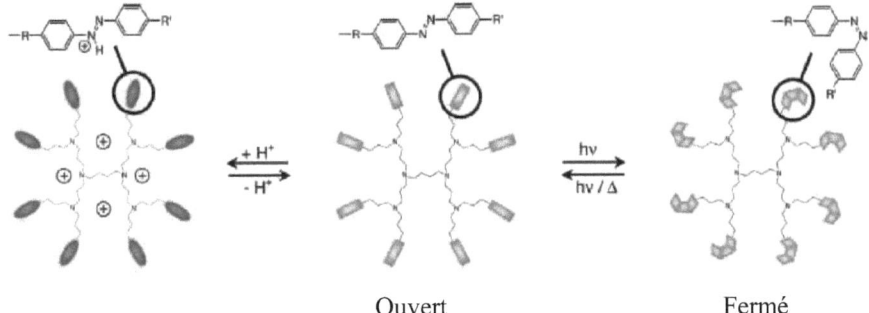

Figure 17. Principe de fonctionnement des dendrimères PPI (et PAMAM) portant les unités azobenzène à la périphérie, sensibles au pH et à la lumière [223].

Malgré la perspective d'améliorer les paramètres de rétention du PA au sein du dendrimère, le greffage de fragments hydrophobes (par exemple, azobenzènes, acide folique etc.) à la périphérie dendritique peut se répercuter négativement sur la solubilité des macromolécules résultantes. La surface hydrophobe du vecteur peut également avoir des conséquences indésirables au niveau de la biodistribution (voir plus de détails dans la section 5.1). Pour contourner ces problèmes, P. Tripathi et col. ont récemment proposé l'enrobage avec une couche phospholipidique des dendrimères PAMAM portant des acides gras sur leur surface [186]. Cela a permis d'atteindre un taux de charge du 5-fluorouracile jusqu'à 53%, ainsi qu'un relargage prolongé du PA dans le PBS [186]. Une approche similaire consiste à encapsuler d'abord le principe actif dans le dendrimère et, ensuite, à emballer les complexes d'inclusion résultants dans les liposomes. Dans le cas de dendrimères PAMAM G2-4 placés dans une membrane liposomale, A. Khopade et col. ont trouvé que le taux d'encapsulation du MTX augmente avec la génération dendritique [228]. Néanmoins, ces systèmes phospholipidiques hybrides, bien qu'assez originaux, ne représentent pas des vecteurs dendritiques propres. Leur préparation nécessite des étapes supplémentaires, ce qui peut résulter non seulement en la perte des principaux avantages du concept de la « boîte dendritique » (tels que la reproductibilité de résultats due à l'architecture bien définie, ainsi que la stabilité plus élevée par rapport aux liposomes at aux micelles), mais aussi en l'augmentation du coût de produit final.

4.3. Mécanismes d'encapsulation par les dendrimères d'autres types

Comme déjà mentionné dans les sections précédentes, les dendrimères d'autres types que PAMAM et PPI, proposés pour la nanovectorisation des molécules actives, sont beaucoup moins répandus. Malgré le fait que les composés de ce groupe très vaste soient décrits depuis plus longtemps (par exemple, dendrimères élaborés sous la direction de F. Vogtle, datant de 1978 [66], et ceux R. Denkewalter et col. élaborés en 1981-1983 [67-69]) et soient beaucoup plus nombreux (seulement le nombre de dendrimères polyesters connus dépasse plusieurs milliers [229]), leur usage en nanovectorisation thérapeutique reste toujours assez limité. Il est également intéressant à noter que les articles publiés sur l'utilisation de ces macromolécules comme agents de l'encapsulation de PA sont assez récents et ne datent en grande partie que d'après 2000.

D'une manière générale, l'influence de la nature des groupements périphériques (par exemple, amines, hydroxyles, carboxyles, PEG etc.) sur l'efficacité d'encapsulation reste similaire pour toutes les familles dendritiques, y compris PAMAM et PPI. Les principales différences sont majoritairement dues aux distinctions au niveau de la structure chimique interne. En particulier, de telles distinctions peuvent imposer des types d'interactions physico-chimiques différentes et, en même temps, se répercuter sur la taille des cavités intérieures disponibles pour accueillir les molécules de PA.

Par exemple, en 2000, M. Liu et col. ont rapporté l'encapsulation de l'indométacine dans un dendrimère de 3ème génération, dont l'intérieur est composé de cycles aromatique p-phénylènes, liés entre eux par les courtes chaines aliphatiques (**Figure 18a**). Le taux de chargement du PA était de 11% par rapport à la masse dendritique. Le relargage dans le tampon PBS à 37°C était plus prolongé, comparativement à l'ingrédient actif non encapsulé [230].

En 2003, T. Ooya et col. ont proposé les dendrimères polyglycérols de G3, G4 et G5 (**Figure 18b**) pour encapsuler le paclitaxel. En présence de ces structures dendritiques, la solubilité aqueuse du PA a augmenté de 10 000 fois et était supérieure par rapport aux systèmes incluant le PEG400 et le PEG2000. L'efficacité d'encapsulation augmentait avec la montée en génération. L'ajout du sérum à la solution contenant les complexes d'inclusion avec les dendrimères a causé le relargage et la précipitation rapides du paclitaxel [135], due, probablement, à une plus grande affinité de certains constituant du sérum pour l'intérieur dendritique. Un an plus tard, les mêmes auteurs ont précisé qu'en se basant sur les données RMN, l'encapsulation du PTX dans les dendrimères polyglycérol s'explique par des interactions par l'intermédiaire de cycles aromatique du PA [134]. Récemment, en 2012, en utilisant la technique de fluorescence, H. Lee et T. Ooya ont également trouvé que la structure polyéther de ces macromolécules est capable non seulement d'encapsuler la 5-fluorouracile, mais aussi de changer sa forme lactame en lactime [231], sans cependant mentionner sur les conséquences au niveau de l'activité thérapeutique du PA.

En 2004, les chercheurs H. Namazi et M. Adeli ont décrit la synthèse et l'utilisation de nouveaux dendrimères polyesters de G1-3, à base de PEG et d'acide polycitrique, pour encapsuler les anti-inflammatoires non-stéroïdiens tels que le diclofenac et les acides 5-aminosalicylique et méfénamique [232]. Plus tard, ces structures ont été également proposées pour la vectorisation des cis-platines [233]. Malgré les données encourageantes (comme l'efficacité d'encapsulation élevée et une libération prolongée sans « *burst release* »), ces travaux devraient cependant être considérés avec beaucoup de prudence car les résultats de caractérisation structurale présentés ne prouvent pas la formation des liaisons esters attendues (l'absence de signaux intenses à 6,0-4,0 ppm dans le spectre ^{1}H RMN [232]).

Une autre famille de dendrimères proposée pour la vectorisation de PA est composée d'unités mélamines, pipérazines et pipéridines (**Figure 18c**). La présence de cycles aromatiques et de groupements polaires et ionisables était un facteur favorable pour encapsuler le methotrexate et le 6-mercaptopurine, et pour réduire

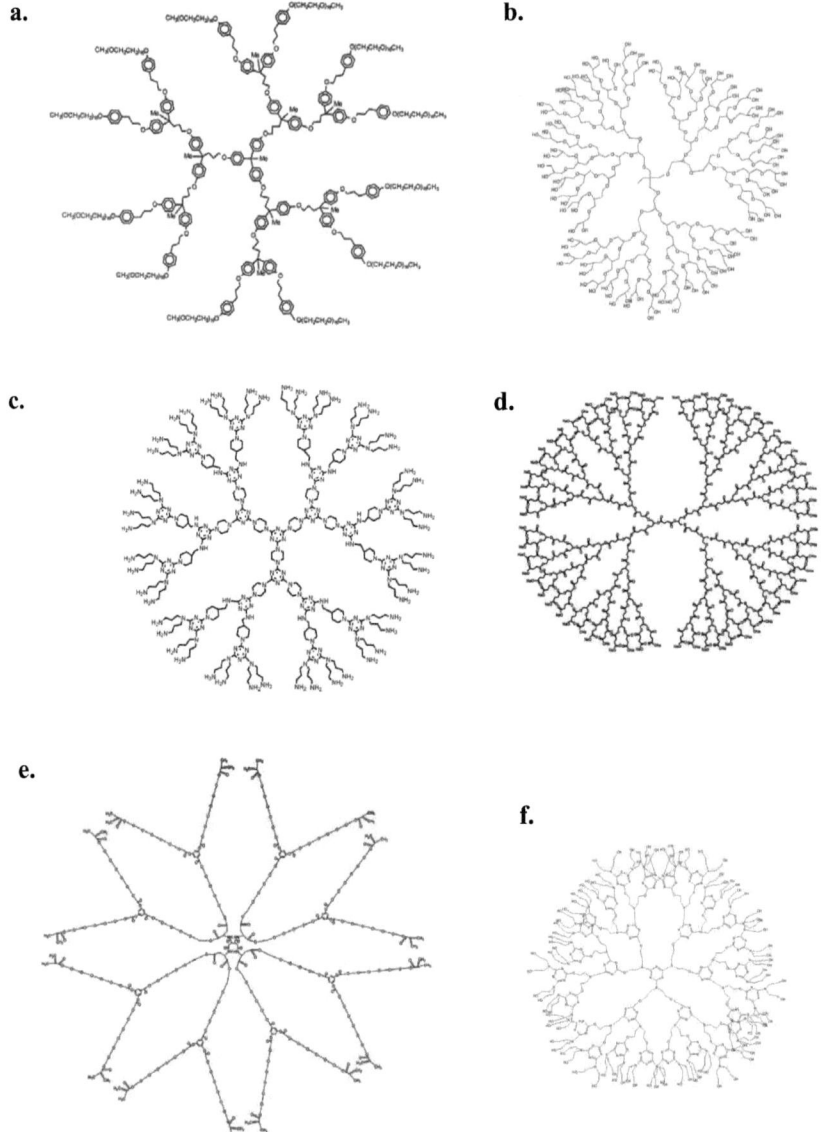

Figure 18. Différentes familles de dendrimères proposés pour l'encapsulation de PA :
(a) indométacine [230], (b) paclitaxel [135] et 5-fluorouracile [231], (c) méthotrexate et 6-mercaptopurine [154], (d) 10-hydroxycamptothecin et 7-butyl-10-aminocamptothecin [161], (e) β-carotène [84] et méthotrexate [105, 106], (f) paclitaxel [136].

leur toxicité hépatique [154]. Il est cependant à noter que les mécanismes de rétentions de PA par le dendrimère n'ont aucunement été discutés dans cet article. Probablement, il s'agit de l'impact positif de groupements chimiques responsables des interactions de types ponts hydrogènes, pipôle-pipôle et π-π.

Dans le groupe du Prof. M. Grinstaff les dendrimères assemblés à partir de métabolites naturels, de glycérol et de l'acide succinique, ont été élaborés (**Figure 18 d**). En 2006, M. Morgan et col. ont rapporté que les structures de G4,5 sont capables d'augmenter jusqu'à 10 fois la solubilité de camptothécines (10-hydroxy-camptothécine et 7-butyl-10-aminocamptothécine) dans l'eau. Néanmoins, les tests de libération dans le tampon PBS à pH 7,4 ont montré un relargage de PA assez rapide (jusqu'à 80% après 2,0 h, et environ 100% après 3,5-4,0 h). Par conséquent, les dendrimères sont recommandés plutôt pour les injections intratumorales directes que pour la voie d'administration intraveineuse [161].

Dans la même année 2006, l'étude de D. Bhadra et col., portant sur l'encapsulation du phosphate de chloroquine avec les dendrimères composés du cœur PEG (PEG1500 et PEG4000) aminé et de dendrons à base de poly-L-lysine a été réalisée. Il a été noté que la charge thérapeutique augmentait avec la hausse en génération (de G4 à G5) et avec l'accroissement de la longueur du PEG. Ces résultats sont en concordance avec les tests de libération: le relargage du PA ralentissant avec l'augmentation de volumes du cœur ou de dendrons. Ceci est probablement dû aux gènes stériques et aux possibilités de complexation accrues. De plus, l'enrobage du dendrimère avec le sulfate de chondroïtine (un constituant naturel de la matrice du cartilage) a permis d'atteindre les taux de relargage prématuré encore plus petits, ce qui pourrait être intéressant pour élaborer les nanovecteurs à circulation systémique prolongée [207].

En 2006 également, R. Dhanikula et col. ont publié un article concernant la synthèse d'un nouveau type de dendrimère hydrophile. L'approche consistait à trouver un compromis entre à la fois la souplesse, la solidité et la non-toxicité de structures, atteintes par l'utilisation de constituant aliphatiques et aromatiques non toxiques, liés entre eux par les groupements amides, esters et polyéther (**Figure 18e**).

Les structures ont été trouvées capables d'encapsuler efficacement les substances hydrophobes, β-carotène (6,47%) et la rhodamine (15,80%). Les tests de libération dans le tampon phosphate à 37°C ont montré une libération prolongée de molécules encapsulées (90% après 120 h). Les résultats de spectrométrie UV avaient indiqué l'absence des interactions π-π, ce qui a suggéré que le principal mécanisme de rétention du PA était dû aux effets stériques [84]. Plus tard, en 2007, les structures dendritiques de ce type ont été proposées pour encapsuler le MTX. Il a été noté que l'efficacité d'encapsulation augmente (jusqu'à 24,5%) avec la croissance de la longueur des espaceurs PEG et, également, si les points de divergence contenaient des cycles benzoïques présentant des effets hydrophobes [105]. Le relargage du PA dans le tampon PBS se déroulait en deux étapes, d'abord, un « burst release » pendant les 6 premières heures et, ensuite, une libération prolongée pouvant atteindre jusqu'à 168 h. En 2008, ces dendrimères, ainsi que leurs dérivés obtenus par la glycosylation de surface, ont été étudiés en tant que candidats pour la vectorisation du MTX dans les traitements du gliome (néoplasie du système nerveux central) qui nécessite une livraison du PA à travers la barrière hémato-encéphalique [106, 234].

L'une des plus récentes familles dendritiques, datant de 2010, est constituée des cycles triazines et des unités diéthanolamines (**Figure 18f**). Durant les essais d'encapsulation du PTX, les structures ont été capables d'augmenter la solubilité du PA dans l'eau jusqu'à 0,562 mg/ml et de permettre son relargage prolongé [136]. Dans la même année, les dendrimères ayant un cœur à base de l'acide 1,3,5-tricarboxybenzoïque dont les dendrons sont consitués de TRIS, l'acide 3-hydroxypropionique, l'éthylène-diamine et la guanidine (**Figure 19a**), ont été proposés comme surfactants ophtalmiques pour augmenter la biodisponibilité du gatifloxacin à travers les cellules épithéliales cornéennes humaines et le scléra-choroïde-RPE bovin isolé. Les mécanismes d'interaction entre le PA et le dendrimère ont été étudiés avec les techniques de calorimétrie de titration isothermale (CTI), FTIR et ^{1}H RMN. En particulier, les valeurs trouvées de l'enthalpie ont été négatives (c'est-à-dire, favorables à l'encapsulation) pour un site d'interaction et positives (défavorables à l'encapsulation) pour deux autres, tandis que l'entropie restait positive dans tous les cas. L'analyse IR et H NMR a montré des interactions entre les groupements carboxyles de PA et amines du dendrimère [210] (voir également **Figure 19**).

D'autres structures dendritiques ont été également proposées pour une livraison ciblée de PA, cependant, sans que ni les tests d'encapsulation, ni les molécules actives visées n'aient été rapportés, par exemple, en 2002, dendrimères à base de l'acide 2,2-bis(hydroxymethyl)propionique (BMPA) [235], ainsi que ceux composés de BMPA et PEG [236], en 2005, à base d'acrylate et acétoacétate [237] ou 3-hydroxyacétophénone [238], en 2009, structures polyesters-thioethers [239], en 2010, dendrimères poly(amino)esters [240].

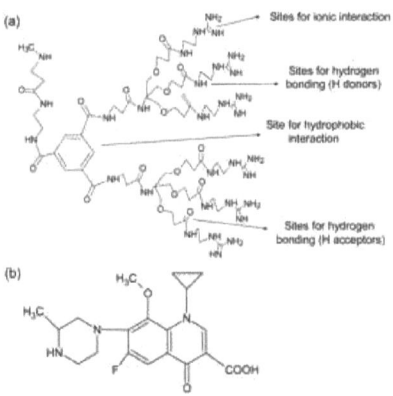

Figure 19. Dendrimère portant les unités guanidines à la surface avec l'identification de cites des interactions physico-chimiques (a) et la structure de gatifloxacin (b). Adapté de [210].

Il faut aussi noter que dans certains cas, plusieurs nouvelles familles de dendrimères ne présentent qu'une combinaison des éléments structuraux déjà bien connus. Par exemple, tout récemment, en 2013, les structures portant les fragments de pentaérythritol, 1-thioglycerol, ainsi que de BMPA et MeO-PEG2000, ont été proposées pour encapsuler la DOX hydrophobe [241]. Les structures finales

PEGylées ont manifesté une libération de PA prolongée, cependant, les mécanismes d'encapsulation n'ont pas été discutés.

Durant ces dernières années, les chercheurs ont également mis au point de nouveaux systèmes, permettant l'autoassemblage de structures dendritiques en nanocapsules supramoléculaires. En particulier, en 2008, M. Giles et col. ont élaboré les dendrimères polyesters possédant à l'intérieur une hémisphère hydrophobe à base de polyethers aromatiques, pouvant ainsi non seulement capter une molécule hydrophobe, mais également interagir de la même façon avec un autre dendrimère, permettant finalement d'enfermer la molécule captée dans la « coquille » dendritique (**Figure 20**). À pH neutre, cette approche s'est montrée efficace pour encapsuler toute une série de molécules hydrophobes y compris une substance active telle que l'estradiol [242].

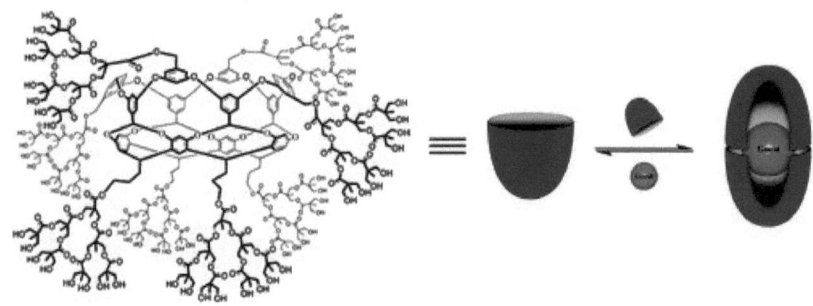

Figure 20. Formation d'une nanocapsule à partir de deux dendrimères, portant chacun un hémisphère hydrophobe interne, autour d'une molécule hydrophobe (à pH neutre) [242].

Malgré les résultats intéressants ci-mentionnés, aucune de ces structures n'a encore trouvé sa place sur le marché pharmaceutique. En plus des raisons évoquées dans les sections 3.1 et 3.2, concernant les aspects thérapeutiques, un autre obstacle majeur à contourner est d'assurer la qualité de produit au niveau de sa pureté chimique. En particulier, avec la montée en génération, il est de plus en plus difficile d'isoler les dendrimères purs des structures résultant de modifications incomplètes car la différence entre leurs masses moléculaires devient de plus en plus négligeable. L'un des compromis qui pourraient finalement amener à la commercialisation de nanovecteurs dendritiques, consiste à se limiter à l'utilisation de macromolécules irrégulières bien qu'hyperbranchées (*pseudo-dendrimères*). Dans ce cas, les produits sont donc utilisés sous forme des mélanges d'architectures homologues, tout en évitant des étapes de purification compliquées et couteuses.

À cet égard, récemment, une compagnie suédoise *Polymer Factory* [243] a proposé deux séries de produits polyesters *Boltorn®* et polyamides *Hybrane®*, qui présentent des pseudo-dendrimères car leurs structures hautement ramifiées ne sont pas parfaitement définies. Sur le plan de l'encapsulation de PA, les produits plus intéressants sont ceux de la marque *Boltorn®*, à base de BMPA, dont les propriétés physico-chimiques ont été profondément étudiées par E. Zagar et M. Zigon [244, 245] et U. Domanska et col. [246]. Ces pseudo-dendrimères diffèrent par leurs masses moléculaires et la nature de groupements greffés à la périphérie. Par exemple, Boltorn H40 (7323,3 Da) est un composé de pseudo 4ème génération, assemblé uniquement de fragments de BMPA (**Figure 21a**).

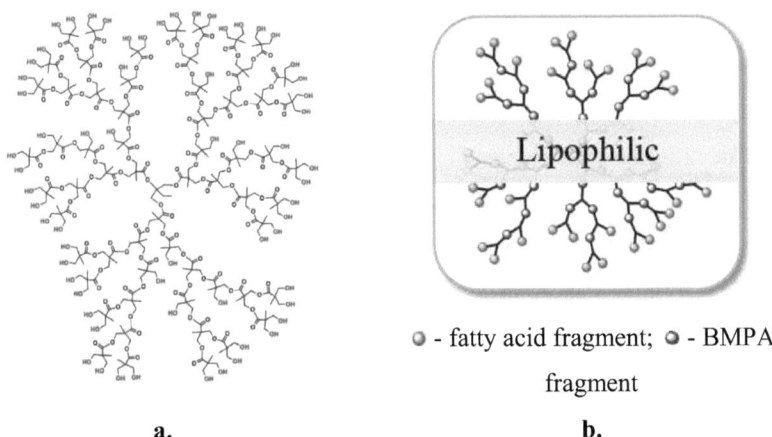

○ - fatty acid fragment; ○ - BMPA fragment

a.   b.

Figure 21. Pseudodendrimères *Boltorn®*: (a) structure idéalisée du Boltorn H40; (b) représentation schématique de Boltorn H2004, U3000 et W3000 [243].

Les produits obtenus par la modification de surface sont Boltorn H2004 (Mw 3200 Da) et Boltorn U3000 (Mw 6500 Da), portant respectivement 6 et 14 chaînes d'acides gras, ainsi que Boltorn W3000 (Mw 9000 Da) contenant les chaînes d'acides gras et de PEG (**Figure 21b**). R. Reul et col. ont rapporté que Boltorn H40, U3000 et W3000 peuvent être utilisé pour encapsuler le paclitaxel [185]. Dans ce cas, la présence des acides gras à la surface des macromolécules a permis d'atteindre les taux de charges thérapeutiques plus grandes. Ceci a été expliqué par une possibilité d'auto-arrangements au niveau des interactions hydrophobes. En effet, les dimensions observées pour les nanoparticules étaient de 70 à 170 nm, ce qui suggère la formation de systèmes supramoléculaires. Il est cependant à noter que les profils de relargage du PA, exprimés en %, n'ont montré aucune différence entre les échantillons testés.

Il faut mentionner qu'en dehors de l'utilisation directe, le produit commercial Boltorn H40 peut également servir de point de départ dans la synthèse d'autres nanovecteurs branchés, en particulier, par la modification de ces hydroxyles périphériques. Par exemple, en 2009, S. Aryal et col. ont présenté les architectures obtenues en deux étapes. Ils ont d'abord utilisé Boltorn H40 comme initiateur multifonctionnel pour réaliser une polymérisation du ε-caprolactone par ouverture de cycle. Ensuite, le dérivé polymérique « multi-bras » a été modifié par le greffage de chaînes MeO-PEG2000 sur les hydroxyles terminaux. La spectrophotométrie de fluorescence a montré que le produit résultant possédait une concentration critique d'agrégation (CCA) de 3,8 mg/L. Étant plus dilué, une formation de micelles avec un diamètre de 18 nm (mesuré avec TEM) a été notée. Au dessus de la CCA, l'agglomération amène à des diamètres de particules de 98 nm. L'efficacité d'encapsulation du 5-FU était de 26%. Une étude de libération du PA dans le tampon PBS à 37°C a montré d'abord un « *burst release* » (jusqu'à 40% de la charge initiale après 8 h) suivie d'une libération prolongée durant une période de 9 à 140 h [46]. En 2012, X. Zeng et col. ont publié un article sur l'encapsulation du DOX avec Boltorn H30 et Boltorn H40 dont la surface a été modifiée par le greffage de chaines PEG5000 et PEG10000. Il a été rapporté que l'efficacité d'encapsulation du PA va en diminuant de structures avec PEG5000 à celles portant PEG10000. Néanmoins, les testes de relargage dans le tampon PBS à 37°C ont montré qu'avec l'augmentation de la taille de chaines PEG, le principe actif est plus retenus au sein de la structure dendritique [173].

Ainsi, avec la commercialisation de produits dendritiques polyesters, prometteurs au niveau de leur faible toxicité (voir les détails dans le chapitre 5), on peut raisonnablement s'attendre à l'apparition dans le futur proche de nombreux autres travaux de recherche, concernant leurs utilisations en nanovectorisation de molécules actives.

4.4. Influence du milieu sur les processus d'encapsulation et relargage des molécules actives par les structures dendritiques

Dans le contexte des interactions entre le dendrimère et le principe actif, la nature du milieu de dispersion peut également avoir un impact significatif sur l'encapsulation de molécules médicamenteuses et la stabilité des complexes d'inclusion résultants. Par exemple, P. Tripathi et col. ont rapporté que dans les systèmes biologiques (en particulier, après l'administration intraveineuse), les taux de libération du 5-FU de complexes d'inclusion avec les dendrimères étaient considérablement plus élevés que dans les cas de leurs solutions simples dans l'eau [247]. T. Ooya et col. ont observé une précipitation rapide du paclitaxel, après avoir ajouté le sérum à la solution contenant le PA encapsulé préalablement dans les dendrimères polyglycérols [135]. En dehors de facteurs biologiques, d'autres paramètres de l'environnement peuvent également contribuer à la stabilité de ces systèmes de vectorisation. D'une manière générale, les facteurs externes les plus importants pour l'efficacité d'encapsulation sont le pH, la présence des électrolytes, l'influence des protéines du plasma et la température.

4.4.1 Influence du pH

Comme déjà mentionné dans la section 4.2, la sensibilité de complexes d'inclusion « dendrimère-PA » par rapport au pH est généralement déterminée par la présence de groupements fonctionnels ionisables (par exemple, acides et basiques).

Le pH peut ainsi favoriser soit les interactions entre les constituants de complexes d'inclusion (ce qui augmente l'efficacité d'encapsulation), soit les interactions de ces constituants avec le milieu de dispersion (ce qui amène au relargage).

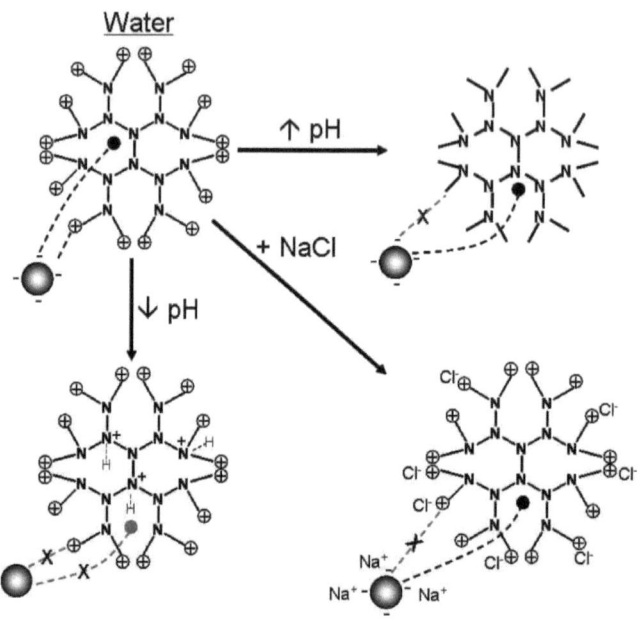

Figure 22. Effet du pH et de la présence du NaCl sur les mécanismes d'encapsulation des molécules actives hydrophobes ou faiblement acides par les dendrimères PAMAM avec fonctions aminés à la périphérie [97].

De toute évidence, l'influence du pH est prépondérante lorsque le dendrimère et le PA interagissent entre eux par les forces électrostatiques. Par exemple, de tels effets ont été observés avec les complexes d'inclusion formés de dendrimères polycationiques (PAMAM et PPI), et les molécules de principes actifs acides (MTX et acide tout-*trans*-rétinoïque [162], chlorambucile [153], nifédipine [211], flurbiprofen [199], indométacine [198] etc.). Dans ce cas, les études ont révélé que dans un milieu acide, la libération de PA était plus rapide que dans des milieux neutres ou basiques (voir également **Figure 22**).

La libération accélérée du PA dans le milieu acide a été également confirmée, en faisant varier la nature de molécules à encapsuler, ainsi que les propriétés de surface du dendrimère. En particulier, cet effet a été observé dans le cas de PA faiblement basiques (famotidine [198]) et amphotères (amphotéricine B [198]), ainsi que dans le cas de la modification de surface cationique de PAMAM et PPI par acétylation [211] ou par le greffage d'unités azobenzènes (**Figure 17**) [223] ou de l'acide folique [119]. Ces données suggèrent collectivement que le pH aura plus d'impact sur la structure dendritique (externe et interne), dû, probablement, au nombre de groupements ionisables (aminés) beaucoup plus important par rapport aux fonctions acides présentes dans les molécules actives à encapsuler. En effet, étant ionisé le dendrimère a plus d'affinité pour le milieu aqueux que pour les molécules organiques à encapsuler. En revanche, un tel comportement est à la base des hypothèses soutenant que les dendrimères polyaminés pourraient être prometteurs pour effectuer le relargage de charges thérapeutiques dans les sites pathologiques possédant des pH acides (par exemple, certaines tumeurs solides [97, 119, 146, 153]).

La structure chimique du PA peut être également affectée par le pH. Par exemple, il a été rapporté une libération accélérée dans le milieu acide du DOX encapsulé dans les structures dendritiques polyester-polythioéther PEGylées [241]. Cela pourrait être expliqué par la protonation du groupement aminé de DOX qui augmente ainsi son affinité pour le milieu aqueux de relargage. La protonation peut également être une cause de diminution de l'efficacité d'encapsulation tel que montré dans le cas du piroxycam solubilisé avec les dendrimères PAMAM [195].

4.4.2 Présence des électrolytes

L'importance de prendre en considération la présence d'un électrolyte est démontrée par le fait que de nombreux chercheurs ont observé une bonne stabilité des complexes d'inclusion dendrimère-PA dans l'eau et une libération très rapide dans une solution saline tamponnée [97] (voir aussi la **Figure 22**). Par exemple, les dendrimères PAMAM G3 et G4, portant les chaines MeO-PEG550 et MeO-PEG2000 à la périphérie, ont montré un relargage rapide du MTX dans la solution isotonique

(150 mM NaCl) comparativement à une solution tampon de 1 mM TRIS-HCl à pH 7,4. Les résultats ont été expliqués par l'affaiblissement des interactions ioniques entre le dendrimère et le PA avec l'augmentation de la concentration d'électrolyte [220].

4.4.3 Présence des protéines du plasma

L'influence des protéines du plasma peut aussi se répercuter sur l'efficacité de vectorisation avec les dendrimères. Étant donné la présence fréquente dans la structure protéique de groupements basiques (par exemple, aminés), acides (par exemple, carboxyliques), ainsi qu'aromatiques et aliphatiques, les interactions de protéines avec la surface et l'intérieur dendritique peut conduire à une libération non ciblée ou précoce des molécules actives encapsulées [97, 203]. Par exemple, l'étude de R. Prajapati et col., sur la stabilité *in vitro* de complexes d'inclusion formés de dendrimères PAMAM G3-4 et le piroxicam, a montré que la présence de 1% de l'albumine dans la solution tampon PBS à pH 7,4 et 35-39°C amenait au relargage de PA plus rapide comparativement au tampon sans protéines [195]. Afin de comprendre les mécanismes d'interaction entre les dendrimères PAMAM G3,5-4,0, portant comme groupements terminaux $-NH_2$, $-COOH$ et -OH avec l'albumine, B. Klajnert et col. ont réalisé une série de travaux, en utilisant la technique de fluorescence. Les résultats obtenus indiquent que les dendrimères ayant les fonctions aminées primaires à la surface sont capables de provoquer les changements conformationnels dans la protéine portant une charge totale négative, ce qui est dû aux interactions électrostatiques fortes. Dans le cas de dendrimères avec une périphérie non chargée (portant -OH), l'albumine restait intacte [248]. Plus tard, le même groupe a trouvé que le 1-anilinonaphtalène-8-sulfonate (substance colorante et fluorescente) a plus d'affinité pour l'albumine que pour les dendrimères ci-mentionnés, en particulier, grâce aux effets protéiques (électrostatiques et hydrophobes) plus forts [249]. Par conséquent, une élaboration d'un nanovecteur dendritique devrait normalement tenir compte des interactions complexes entre tous les constituants de l'environnement biologique, incluant les interactions entre le PA et les protéines. Cependant, le nombre d'études approfondies à se sujet est toujours très limité.

4.4.4 Influence de la température

La température ambiante est aussi un facteur à ne pas négliger pour assurer la stabilité de formulations « dendrimère-PA ». Plusieurs études montrent que les pertes en charge thérapeutique, ainsi que l'apparition de précipitation et de produits de dégradation ont été beaucoup plus élevées avec la montée en température jusqu'à 50-60°C. Par exemple, cela a été observé pour les systèmes à base de PAMAM aminés et PEGylés, avec, respectivement, l'ibuprofène [104], le 5-FU [144] et le piroxicam [195] comme PA. En outre, ces effets indésirables étaient plus significatifs dans le cas de l'exposition à la lumière [144, 195].

Les résultats très encourageants sur le plan de termostabilité ont été rapportés dans le cas de PAMAM portant les chaines lipophiles périphériques, couverts par une couche de phospholipides. En particulier, les formulations avec 5-FU restaient relativement stables après 1 mois à 40°C [186].

En conclusion, les études de stabilité des complexes d'inclusion « dendrimèr-PA » ne doivent normalement pas se limiter aux expériences sur les systèmes modèles car les propriétés des systèmes réels (tels que pH, tonicité, présence des protéines et membranes biologiques etc.) jouent également un rôle très important dans le processus de vectorisation. L'objectif ultime de ces tests sera donc de trouver un compromis entre la structure dendritique et les paramètres du milieu, afin de maximiser le chargement de PA et, en même temps, de réduire ses pertes incontrôlables. Par exemple, à ce jour, les résultats les plus intéressants sur le plan de la stabilité de formulations dendritiques (en présence de l'albumine et tonicité accrue du tampon) ont été rapportés pour la DOX encapsulée dans le PPI G5 avec les chaines dextranes de 60 kDa conjuguées à sa périphérie [118].

5. Dendrimères et biocompatibilité

Comme mentionné précédemment, le fait que les dendrimères soient envisagés en tant qu'agents de nanoencapsulation, nécessite également de clarifier les aspects touchant à la *biocompatibilité* de ces macromolécules.

Dans ce cas, il convient d'indiquer que la notion de *biocompatibilité* a été proposée pour la première fois en 1970 indépendamment par C. Homsy et col. [250] et R. J. Hegyeli [251], pour désigner l'ensemble de propriétés caractérisant la sécurité (voir l'absence des éventuels effets toxiques) des matériaux utilisés pour la confection des bio-implants. En particulier, le terme a été nécessaire pour caractériser des dispositifs médicaux qui ne pouvaient pas être considérés comme de « nouveaux médicaments», tout en évitant ainsi une grande confusion quant aux types de tests précliniques, nécessaires pour assurer leur sécurité.

Actuellement, une définition de la biocompatibilité se réfère à « la capacité d'un biomatériau à exercer sa fonction par rapport à un traitement médical, sans provoquer d'effets indésirables locaux ou systémiques chez le receveur ou le bénéficiaire de cette thérapie, en assurant la réponse la plus appropriée et bénéfique au niveau cellulaire et tissulaire, spécifique pour la situation donnée, et ainsi optimisant la performance clinique de cette thérapie » [252]. Dans ce contexte, en tant qu'agents de nanoencapsulation, les dendrimères devraient exercer le rôle d'excipients, dont la fonction est généralement limitée à l'amélioration des caractéristiques du PA (au niveau de l'efficacité thérapeutique, fabrication, stockage, etc. [253]), sans présenter aucune action pharmacologique propre. Ainsi, l'usage de dendrimères comme nanovecteurs doit tenir compte non seulement des effets bénéfiques par rapport à l'agent thérapeutique en question, mais également de tous les risques biologiques potentiels que pourrait courir le futur patient. Par exemple, en règle générale, pour tout vecteur polymérique, conçu pour une application parentérale, il est essentiel que le transporteur soit non toxique, non immunogène, et de préférence biodégradable [254].

Bien que la compréhension du terme « biocompatibilité » ait été précisée depuis sa première utilisation, ce paramètre n'a toujours pas de critères d'évaluation très bien déterminés car ils peuvent différer dépendamment des conditions choisies (type de thérapie, voie d'administration, modèle proposé pour étudier le phénomène etc.). Afin de simplifier la présentation des données, dans le cadre de ce livre, nous allons considérer une substance chimique (y compris les macromolécules dendritiques) biocompatible si elle ne présente pas d'effets nocifs détectables au niveau cellulaire, tissulaire et d'organisme entier, à court et à long terme. Ainsi, les sections suivantes seront dédiées aux aspects toxicologiques de dendrimères.

5.1. Toxicité et biodistribution des dendrimères *in vivo*

D'une manière générale, notre savoir sur la toxicité de substances chimiques ne sera jamais complet sans tenir compte de l'ensemble des effets différents sur l'organisme tout entier. Autrement dit, idéalement, afin de conclure sur la toxicité de dendrimères, il faut effectuer toute une série de tests multiparamétriques *in vivo*. Néanmoins, compte tenu de la complexité et du coût très élevé de telles expériences, ainsi que de la très grande quantité de nouvelles structures dendritiques proposées chaque année, le nombre d'études approfondies *in vivo* demeure toujours très limité. Par conséquent, les travaux concernant la toxicité aiguë de dendrimères chez l'humain sont très peu documentés. Par exemple, T. Toyama et col. ont rapporté le cas grave de dermatite toxique, développé chez un étudiant japonais de 22 ans, comme réponse possibles de son système immunitaire au contact de ses mains avec les produits dendritiques [255]. Il est cependant à noter que la nature exacte de la substance ayant causée ces effets n'a pas été précisée avec certitude.

À cet égard, il faut noter que les tests de toxicité *in vivo* chez l'humain, réalisés avec les dendrimères proposés comme agents de nanoencapsulation de PA sont inéxistants. Ceci est probablement dû au faible niveau du développement général de ce domaine, ainsi qu'aux résultats insatisfaisants, obtenus durant les tests préliminaires *in vitro* (voir la section 5.2) ou *in vivo* chez les animaux.

L'activité biologique des structures dendritiques est principalement liée aux propriétés de l'ensemble de l'architecture macromoléculaire, ainsi qu'à la présence de groupements chimiques particuliers à la périphérie et à l'intérieur. Une fois dans l'organisme, le dendrimère commence à interagir avec son environnement biologique. Les interactions s'effectuent d'abord au niveau de la surface dendritique dont les propriétés sont déterminées par les fonctions périphériques (leurs charges, propriétés hydrophiles ou hydrophobes, ainsi que leurs sélectivité par rapport aux membranes cellulaires, tissulaires, certains récepteurs etc.). Déjà à cette première étape, il est donc important de prévoir des conséquences possibles pour la santé de futurs patients. Il est intéressant de noter que bien que l'impact des produits de biotransformation de dendrimères sur la toxicité soit également possible (voir les détails dans la section 5.3), les effets observés *in vivo* avec ces macromolécules ne sont généralement expliqués dans la littérature que par les propriétés de surface dendritique, en mettant ainsi en exergue seulement l'étape initiale du processus global.

Dans ce contexte, la charge de surface des nanoparticules joue un rôle essentiel pour le temps de leurs demi-vies dans le sang. En particulier, les nano-objets chargés positivement ont une tendance à s'attacher aux cellules d'une manière non spécifique, tandis qu'une forte charge négative augmente l'absorption par le foie. Par conséquent, les nanoparticules possédant des surfaces neutres pourraient être plus attrayantes pour obtenir un séjour prolongé du médicament dans la circulation systémique [42]. Il faut cependant noter que la nature chimique de groupements périphériques neutres, elle aussi devrait être choisie avec beaucoup de précautions.

En particulier, il est connu que les nanoparticules avec les surfaces hydrophobes sont rapidement couvertes par les protéines plasmatiques, tandis que les objets hydrophiles demeurent dans la circulation systémique plus longtemps [42, 256, 257].

Ces règles générales s'appliquent également aux dendrimères. Par exemple, les structures PAMAM et PPI non modifiées dont l'étude intense est encouragée principalement par leur disponibilité commerciale, suscitent bien des inquiétudes au niveau de leur toxicité. En particulier, la présence des groupements aminés primaires à la périphérie de ces dendrimères résulte en la formation des particules multichargées (polycations) qui peuvent interagir par les forces ioniques puissantes avec des fonctions anioniques des membranes cellulaires et tissulaires [97]. Dans les études avec les dendrimères PAMAM aminés (Starburst™), J. Roberts et col. ont administré à la souris par voie intrapéritonéale les structures de G3, G5 et G7, avec les doses, respectivement, de 2,6 10 et 45 mg/kg. Les injections ont été effectuées en doses uniques ou répétées (1 fois par semaine pendant 10 semaines), avec la durée des observations respectivement de 7 jours ou 6 mois. Aucun indice d'immunogénicité, ainsi qu'aucun changement au niveau du comportement ou de la perte de poids, n'ont été rapportés. Finalement, les auteurs ont conclu qu'en général, les PAMAM ne présentent pas de propriétés qui empêchent leurs applications biologiques [258]. Il est cependant à noter que l'analyse plus approfondie de ce travail, réalisée plus tard par R. Duncan et L. Izzo, a souligné quelques faits bien inquiétants tels que l'administration de PAMAM G7 a causé la mort de 3 animaux et que, de plus, dans le test à doses multiples, le degré de vacuolisation des cellules hépatiques était assez élevé, ce qui aurait pu signifier un problème de surcharge lysosomale [254]. Il est intéressant de noter que la biodistribution et, par conséquent, les dommages locaux causés par les PAMAM aminés peuvent dépendre du modèle animal choisi et/ou la génération dendritique [50]. Par exemple, chez le rat Winstar, l'administration par voies intraveineuse (iv) ou intrapéritonéale (ip) a amené à l'accumulation de PAMAM marqués avec ^{125}I dans le foie (60-90%) [259], tandis que chez la souris Swiss-Webster les macromolécules de G3 ont été retrouvées majoritairement dans les reins et celles de G5 et G7 dans le pancréas [258]. T. Okuda et col. ont constaté que les dommages hépatiques (mesurés en contrôlant l'expression du transaminase glutamique pyruvique, GPT, de sérum) étaient non significatifs après l'administration intraveineuse à la souris de doses jusqu'à 10 mg/kg. Cependant, ils ont indiqué que l'effet GPT dépend de la dose et la génération de macromolécules [260].

La même tendance a été également observée chez d'autres types dendritiques polyaminés. En particulier, les dendrimères aminés à base de mélamine [261] et lysine [260] ont également manifesté une toxicité hépatique induite subchronique chez la souris, non significative jusqu'aux doses de 10 mg/kg par voie iv. Néanmoins, dans le cas de structures polymélamines, l'augmentation de la quantité de substances injectées a conduit respectivement à la hausse d'activité enzymatique menant finalement a une nécrose hépatique importante à la dose de 40 mg/kg et à la dose létale de 160 mg/kg (100% après 6–12 h) [261]. Il a été également rapporté qu'après l'administration intraveineuse, les dendrimères PAMAM [258] et poly-lysines [262] cationiques étaient rapidement absorbés par la surface des vaisseaux sanguins, ce qui empêche leur biodistribution efficace à travers l'organisme. Collectivement, les données suggèrent donc que les dendrimères portant les groupements aminés terminaux ont une utilité très limitée en tant que vecteurs des principes actifs, administrés par voies intraveineuse et intrapéritonéale [259].

La solution la plus simple pour remédier aux problèmes ci-mentionnés est une modification chimique de la surface. En effet, plusieurs études comparatives sur la toxicité *in vivo* de dendrimères PAMAM ont montré que les macromolécules aminées causent beaucoup plus d'effets toxiques que leurs homologues portant sur la périphérie les groupements carboxyles, PEG ou les molécules de l'acide folique. Par exemple, R. Duncan et col. ont rapporté l'absence d'effets secondaires tels que la perte de poids, après l'administration intrapéritonéale à la souris porteuse de tumeurs B16F10 d'une dose répétée journalière de 95 mg/kg de PAMAM G3,5 avec une surface de type polycarboxylate de sodium [155]. Des résultats similaires ont été obtenus lors d'expériences sur les embryons du poisson zèbre, réalisée par T. King Heiden et col. En utilisant le protocole de l'exposition statique par renouvellement quotidien, ils ont trouvé que les PAMAM G4 polyaminés sont toxiques et atténuent la croissance et le développement embryonnaires à des concentrations sublétales, tandis que les structures de G3,5 polycarboxylées étaient pratiquement inoffensives [263].

Avec la modification des surfaces dendritiques par des groupements acides, on peut également s'attendre à des séjours plus longs des vecteurs dans la circulation sanguine, comme rapporté pour PAMAM anioniques (polycarboxyles), injectés chez le rat Winstar [259]. Dans ce cas, il faut cependant tenir compte des interactions avec les constituants du sang. À cet égard, L. Kaminskas et col. ont montré que chez la souris, les dendrimères poly-lysines, portant les groupements anioniques sulfonates, ont été rapidement opsonisés et retenus principalement par des organes du SRE (le foie et la rate), tandis que les structures succinées ont été rapidement éliminées par la clairance rénale [264].

N. Bourne et col. ont constaté la biocompatibilité et à la fois l'effet antiviral (contre le virus des herpès de type HSV (*Herpes simplex virus*), HSV-1 et HSV-2) de dendrimères polylysines portant à la périphérie respectivements 32 groupements – NHCSNH-Napht-SO$_3$Na ou 64 groupements de –NHCSNH-Ph(COONa)$_2$, dans le cas du traitement topique d'infections vaginales et rectales chez la souris [265]. L'action thérapeutique s'effectue à la fois à deux niveaux: l'inhibition de l'internalisation de virus dans les cellules susceptibles et par le mécanisme lié à la réplication virale aux stades tardifs [266, 267]. Les résultats encourageants avec ces dendrimères ont été par la suite confirmés durant les tests sur les primates [268]. Présentement, ces produits dendritiques, commercialisés sous nom de Vivagel^{TM}, par la société Starfarma (Melbourne, Australie), sont en phase des essais cliniques [41]. L'utilisation de dendrimères anioniques comme agents thérapeutiques (anti-inflammatoires) a été également suggérée dans le cas de polyglycérols branchés avec la périphérie sulfonée [34].

D'autres résultats concernant la diminution de la toxicité de structures dendritiques *in vivo* (chez la souris) ont été rapportés pour les dérivés PAMAM portant à la surface les molécules de l'acide folique [110], ainsi que pour les structures hyperbranchées polypeptides à base de PHSCN-lysine [41]. Dans le cas de dendrimères triazines, les groupements terminaux éthanolamines ont permis d'atteindre une absence de tous les effets toxiques, rénaux et hépatiques, chez la souris [136].

L'une des solutions les plus efficaces pour réduire significativement la toxicité de dendrimères polycationiques et, en même temps, de les rendre plus hydrophiles est un greffage à leur périphérie de groupements PEG (typiquement de 0,2 à 40 kDa) [269, 270]. En particulier, l'évaluation de la toxicité aiguë de dendrimères polymélamines PEGylés chez la souris, réalisée par Chen H.-T. et col., n'a montré aucun effet indésirable (au niveau de la mortalité, la toxicité, ainsi que les paramètres biochimiques du sang tels que le contenu en transaminase ou le taux d'urée) à des doses élevées, allant jusqu'à 2,56 g/kg (ip) et 1,28 g/kg (iv) [271]. Cependant, une période d'observation plus longue que rapportée (48 h) serait définitivement nécessaire afin de donner un meilleur aperçu. Selon une étude réalisée par T. Okuda et col. sur la souris, la PEGylation de dendrimères polylysines augmente à la fois la taille (2,5 fois), ainsi que la durée de séjour dans la circulation sanguine (environ 20% de la dose injectée a été récupérée à partir du plasma 24 heures après l'injection intraveineuse). L'accumulation hépatique de structures PEGylées a grandement diminué par rapport aux dendrimères non modifiés. De plus, aucun changement négatif n'a été détecté dans l'anatomie des organes tels que le foie, les reins, la rate, le cœur et les poumons [260]. Les paramètres sanguins tels que les niveaux de l'hémoglobine, RBC, WBC, de monocytes différenciés, de lymphocytes et de neutrophiles, mesurés après 14 jours suivant l'administration de PAMAM PEGylés chez le rats Sprague–Dawley, n'ont pas montré de changements importants comparativement au groupe de contrôle [144].

Afin d'assurer les propriétés adéquates de nanovecteurs dendritiques, il faut également prévoir la durée de circulation de nanovéhicules dans le système sanguin, déterminée par la clairance rénale précoce. En particulier, dans le cas de dendrimères PEGylés, biologiquement assez inertes, la filtration par les glomérules rénaux dépend principalement du rayon hydrodynamique des macromolécules. Par exemple, les petits dendrimères polylysines PEGylés sont excrétés assez rapidement avec l'urine tandis que les grosses macromolécules montrent un temps de rétention dans le sang plus élevé (**Figure 23**), permettant aussi d'atteindre le système lymphatique [259, 260, 269, 272-274].

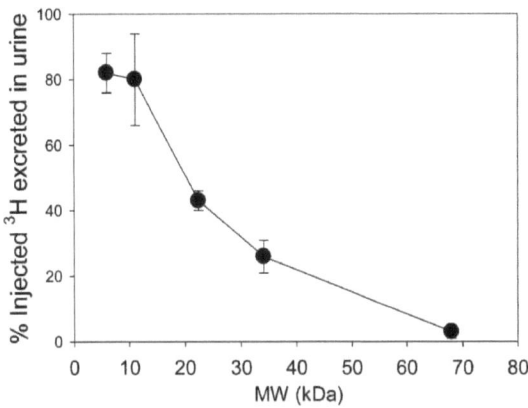

Figure 23. Corrélation entre la masse moléculaire et la proportion de la dose injectée de dendrimères polylysine PEGylés, marqués au tritium, excrétée dans l'urine chez le rat, après l'administration par voie intraveineuse de 5 mg/kg [269].

Il est intéressant de noter que la captation par le système lymphatique a été également montrée chez le rat, dans le cas d'administration orale de dendrimère PAMAM modifiés par le greffage de chaines lipophiles et recouverts par la suite par une couche phospholipidique [186]. Il a été aussi rapporté que la présence de chaines lipophiles, greffées à périphérie de dendrimères poly-lysines, augmente la biodisponibilité de macromolécules par la voie orale chez le rat Sprague–Dawley [275].

Parmi les structures les plus prometteuses sur le plan de biocompatibilité, les dendrimères polyesters sont présentement considérés comme ayant plus d'avenir. Les tests préliminaires de toxicité *in vivo,* menés par O. Padilla De Jesus et col. sur la souris, ont montré que la dose de 1,3 g/kg injecté pendant 10 s a été très bien tolérée durant la période d'observation de 24 h. Les dendrimères ont été assez rapidement excrétés dans l'urine (dans 4-5 h) suivi de l'accumulation allant jusqu'à 70% dans le foie. Malgré la mort d'un animal, d'autres animaux ont survécu et aucun changement pathologique dans les organes n'ont été observés après cette courte période [123]. E. Gilles et col. ont également rapporté que l'accumulation de dendrimères polyesters dans le foie de souris diminue avec l'augmentation du degré de ramification dans l'architecture macromoléculaire, permettant aussi de hausser la durée de circulation systémique [276].

5.2. Propriétés des dendrimères *ex vivo*

Dans le contexte de propriétés biologiques de dendrimères, il faut également mentionner quelques tests réalisés *ex vivo*. Leurs objectifs se limitaient principalement à l'étude de la pénétration à travers des membranes biologiques. Par exemple, il a été rapporté que la durée de l'extravasion de PAMAM aminés marqués avec l'isothiocyanate de fluorescéine à travers l'endothélium microvasculaire dans les muscles crémaster de hamster augmente avec la montée en génération [277]. Cependant, un faible taux de transfert de PAMAM cationiques vers le côté du fœtus à travers le placenta humain *ex vivo*, par rapport aux petites molécules de médicaments, suggère qu'il serait possible de s'attendre à une sélectivité dans des traitements chez les femmes enceintes sans transfert significatif de PA au fœtus [278]. Une étude sur le sac intestinal éversé du rat adulte a montré que la pénétration de PAMAM anioniques, portant comme marqueur radioactif le ^{125}I, à travers la paroi intestinale, était plus significative comparativement aux autres structures testés, incluant les PAMAM aminés, ce qui ouvre des perspectives pour l'élaboration de vecteurs dendritiques, permettant l'administration orale [279]. Les tests de perméabilité cutanée de dendrimères PAMAM différemment fonctionnalisés (avec –COOH, -OH, -NH$_2$), sur la peau d'oreilles de porc, ont permis de placer les structures, selon l'efficacité de transfert, dans l'ordre de décroissance suivant : G4-NH$_2$ > G4-OH > G3,5-COOH. Parmi les dendrimères aminés, G2-G6-NH$_2$, une résistance de la peau était minimale avec la structure de G2 [142]. Il est intéressant à noter que ces résultats sont en accord avec les effets observés durant un autre travail, portant sur la perméabilité cornéenne *in vivo* de formulations ophtalmiques chez le lapin albinos de Nouvelle-Zélande [206]. Cela suggère que les mécanismes responsables pour l'absorption tissulaire de dendrimères sont de la même nature (voir plus de détails sur l'internalisation intracellulaire dans la section 5.2) et que les structures dendritiques pourraient avoir beaucoup d'avenir comme systèmes d'encapsulation à l'usage topique. D'autres composés dendritiques, constitués de fragments TRIS, éthylène-diamine guanidine, ainsi que d'acides 1,3,5-tricarboxybenzoïque et 3-hydroxypropionique (**Figure 19a**), ont été testés comme surfactant ophtalmiques pour augmenter les taux d'absorption du gatifloxacin par l'épithélium cornéen humain et le scléra-choroïde-RPE bovin isolé [210]. Dans le cas de dendrimères à base de glycérol et acide succinique, les études *ex vivo* ont été réalisées afin d'étudier leur capacité de fermer les lacérations sur la cornée humaine [59, 280, 281].

5.3. Cytotoxicité et internalisation intracellulaire des dendrimères *in vitro*

Dans le cas de tests de toxicité *in vitro* (sur les cellules ou tissus isolés), malgré le manque évident d'information liée aux conséquences globales pour la santé des organismes, les résultats peuvent être également très utiles. Étant donné leur coût beaucoup plus bas par rapport aux tests *in vivo*, les analyses *in vitro* sont très demandées pour effectuer les tests de cytotoxicité préliminaires, ainsi que pour étudier les mécanismes d'interactions spécifiques entre une substance à l'étude et les cellules ou tissus d'intérêt. En général, avant de passer aux tests *in vivo*, les expériences *in vitro* sont d'abord effectuées. Il faut cependant noter que les résultats obtenus *in vitro* n'ont qu'un caractère indicatif et ne doivent aucunement être considérés comme prédictifs des effets *in vivo*.

Parmi les tests les plus répandus qui permettent d'évaluer la toxicité de dendrimères *in vitro*, il est à mentionner les tests de viabilité cellulaire (par exemple, sur macrophages, fibroblastes, cellules intestinales Caco-2 et autres), de l'activité hémolytique sur les globules rouges, ainsi que les tests étudiant la capacité des dendrimères à activer le système du complément [254].

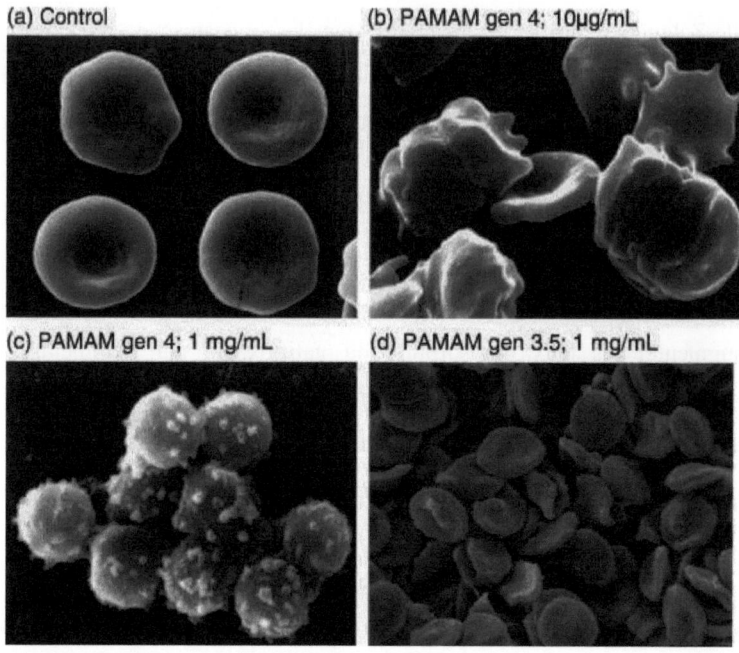

Figure 24. Résultats de microscopie électronique par balayage obtenus dans le cas de globules rouges exposés aux dendrimères PAMAM pendant 1 h [259].

D'une manière générale, les résultats de ces tests dépendent grandement de propriétés de surface de structures dendritiques, ce qui permet d'une certaine manière d'établir des parallèles avec les analyses *in vivo*. Par exemple, les dendrimères polycationiques sont considérés comme des structures présentant un certain niveau de toxicité, et de ce fait, ne sont pas très prometteuses en tant que nanovecteurs de PA. À cet égard, plusieurs études ont montré que les PAMAM aminés possèdent des propriétés hémolytiques [144, 195, 199, 259] (voir aussi la **Figure 24**).

Dans le cas de macrophages humains U-937, l'exposition aux dendrimères PPI G2 et G3 aux concentrations permettant d'atteindre les taux de survie plus de 90% après 16 h de l'incubation, amène aux changements importants de plusieurs paramètres tels que la concentration de dérivés réactifs de l'oxygène (DRO; en anglais: ROS, *Reactive Oxygen Species*), le potentiel de la membrane mitochondriale, ainsi que l'anatomie et la taille de cellules, ce qui indique un impact significatif sur le métabolisme des biosystèmes [282]. Les dendrimères polyaminés à base de mélamine provoquent une diminution substantielle (jusqu'à 80%) de survie cellulaire de Clone 9 même aux concentrations assez basses (0,1 mg/mL), ce qui suggère que ce type de dendrimères est encore plus toxique que d'autres structures polycationiques comme PPI et PAMAM [261].

Ces quelques exemples des effets cytotoxiques, causés par les dendrimères ayant les surfaces aminées (à date, plusieurs articles de revues à ce sujet, par exemple [41, 254], ont été publiées), donnent des indications sur le mécanisme commun qui est à la base de ces phénomènes. En particulier, il s'agit de la capacité de dendrimères polycationiques de provoquer une perturbation de membranes cellulaires, en créant des pores (jusqu'à 15-40 nm dans le cas de PAMAM G7 [283]) par lesquelles les dendrimères sont absorbés par les cellules [284] et [285] (**Figure 25**). Ce mécanisme a été également confirmé dans le cas de liposomes de modèle différemment fonctionnalisées [286]. La technique de microscopie confocale a aussi permis de visualiser le processus de l'internalisation plus rapide de dendrimères PPI aminés dans les cellules endothéliales HUVEC (*human umbilical vein endothelial cells*), comparativement aux structures PPI portant des acétyles ou des chaines de PEG [287].

Les tests sur les fibroblastes murins et les érythrocytes ont montré que la masse moléculaire, la densité de la charge positive, la concentration, ainsi que la durée de l'exposition aux dendrimères polyaminés, sont des paramètres clés dans les processus d'interaction avec les membranes cellulaires et, par conséquent, pour les propriétés cytotoxiques. Il est néanmoins intéressant de noter que dans ces expériences, les dendrimères PAMAM étaient moins toxiques que certains polymères aminés linéaires (dans l'ordre de décroissance : poly(éthylèneimine) = poly(L-lysine) > chlorure de poly(diallyl-diméthyle-ammonium) > diéthylaminoéthyl-dextran > bromure de poly(vinyl-pyridinium) > PAMAM > albumine cationisée > albumine) [284]. Ce fait pourrait être expliqué par l'accessibilité plus facile de la totalité de surface polyaminée chez les structures linéaires dans les interactions avec les membranes cellulaires.

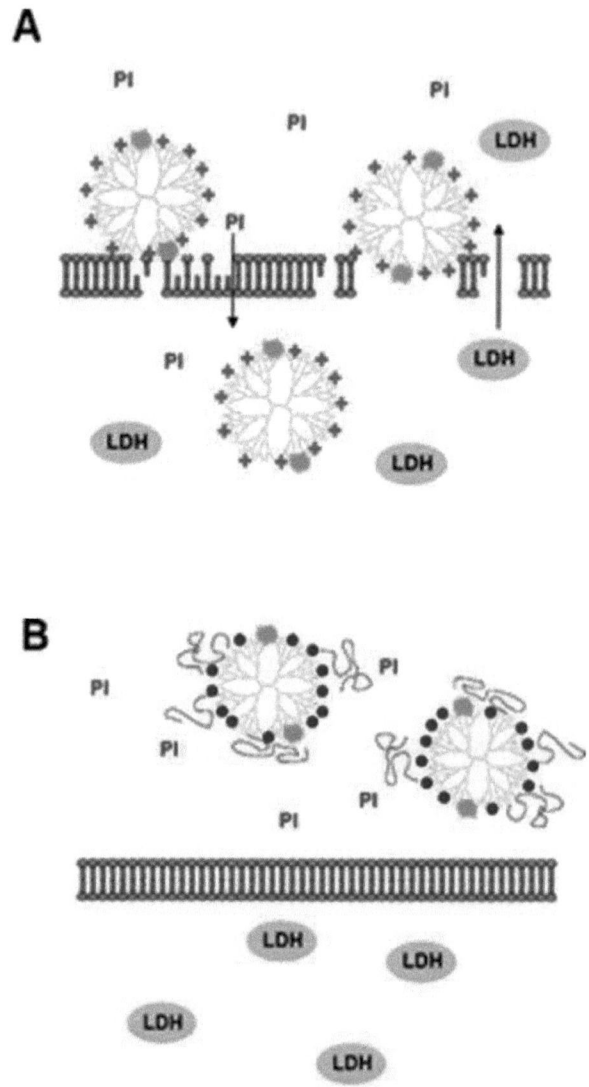

Figure 25. Illustration de l'interaction de dendrimères avec la membrane cellulaire dans le cas de dendrimères PPI aminés (a) et acylés (b) [287].

Dans certains cas, la pénétration facilitée de dendrimères cationiques dans les cellules permet de les utiliser comme agents de transfection efficaces, par exemple, en livraison d'ADN à l'intérieur des cellules mammifères [288], ou dans les traitements contre les bactéries pathogènes (par exemple, *Staphylococcus aureus* et *Escherichia coli* [209, 289]), ainsi que pour réaliser des études de mécanismes ayant lieu pendant l'internalisation intracellulaire (comme montré avec les monocouches de cellules intestinales Caco-2 [290]). Néanmoins, étant donné que cette propriété est associée également à la toxicité non sélective par rapport aux cellules saines de l'organisme, des mesures supplémentaires seraient définitivement nécessaires avant de les proposer en tant qu'agents de nano-encapsulation de PA. Dans ce contexte, la modification chimique de groupements aminés périphériques est devenue une des solutions à la fois les plus répandues et efficaces.

Une étude réalisée par Chen H.-T. et col. sur la culture de Clone 9 a bien confirmé que la cytotoxicité de dendrimères triazines dépend principalement de la charge de surface. En particulier, parmi les différentes fonctions périphériques testées (amines, guanidines, carboxylates, sulfonates, phosphonates, et PEG), les groupements cationiques (aminés) présentaient plus d'effets toxiques au niveau de viabilité de Clone 9 et l'hémolyse. Les structures les plus biocompatibles étaient celles portant les chaines PEG [271]. Les résultats similaires ont été également obtenus avec les dendrimères PAMAM. Par exemple, dans le cas de PAMAM aminés, la viabilité de trois lignées cellulaires B16F10, CCRF or HepG2 a été grandement affectée aux concentrations de 10 mg/mL. La présence de ces molécules a également causé l'hémolyse accélérée. D'autre part, dans tous les tests *in vitro*, les dendrimères PAMAM carboxylés (COONa), ainsi que carbosilanes PEGylés était beaucoup mieux tolérés [167, 259]. Une autre étude, sur les fibroblastes murins, stipulent que la cytotoxicité de PAMAM peut être même complètement supprimée dans le cas de structures avec la périphérie polycarboxylique. De plus, le greffage du ligand peptidique RGD (arginine-glycine-aspartate), pourrait résulter en sélectivité d'action par rapport aux cellules avec les récepteurs de type intégrine [291].

Les données très encourageantes ont été rapportées dans le cas de dendrimères poly(aryl propargyl éther), portant à la périphérie les groupements oxyméthyles et diméthylamine, durant les tests de cytotoxicité avec le MTT [130]. Il est cependant à noter qu'il s'agit de macromolécules non biodégradables, pouvant causer des effets indésirables à long terme (voir plus de détails dans la section suivante), ce qui prouve que les tests *in vitro* ont des limitations et devraient normalement être interprétés avec certaines précautions.

L'hydroxylation [136, 292], le greffage de l'acide folique [41, 199] ou du dextran [118] à la surface de dendrimères, respectivement, triazines, PAMAM et PPI, permet de réduire les effets indésirables dans les tests d'hémolyse. Plusieurs sources suggèrent aussi que l'acylation (par exemple, acétylation [111, 287] ou lauroylation [285]) des amines périphériques amène à l'augmentation significative de la viabilité cellulaire.

Dans le cas de dendrimères polyesters non chargés, les tests de viabilité de cellules cancéreuses murines de mélanome B16F10 ont montré des taux de survie assez élevés de 81-87% aux concentration de macromolécules de 10 mg/mL, ce qui est plus grand comparativement aux dendrimères PAMAM, PPI et carbosilanes PEGylés [123]. Les résultats similaires ont été obtenus avec d'autres types de polyesters dendritiques, sur les cellules de cancer du sein MDA-MB-231 (plus de 85% de survie à 10 mg/mL) [276]. Cependant, en présence de pseudo-dendrimères polyesters commercialisés Boltorn®, les taux de survie de cellules L929 étaient plus faibles, pouvant descendre jusqu'à 50-60% (dans certains cas, même jusqu'à 10%) à la concentration de 1 mg/mL, après 24 h de l'incubation [185]. Ce fait est très inquiétant car il ne correspond pas à la majorité de données rapportées pour les dendrimères polyesters réguliers, considérés généralement comme des structures les plus prometteuses en livraison de PA. Par exemple, dans une étude très récente sur les cellules de cancer ovarien SKOV-3, les structures dendritiques analogues, portant de plus des groupements thioéthers, pouvant présenter une activité biologique, se sont révélés non toxiques même à des doses très élevées [241]. Il est donc possible que la sensibilité par rapport aux macromolécules branchées polyesters change aussi en fonction du type de cellules utilisées. Dans ce contexte, il est à mentionner que le problème de reproductibilité de tests de cytotoxicité de dendrimères, dépendamment de la culture cellulaire, a été déjà soulevé dans l'article de revue de R. Duncan et L. Izzo [254]. Ceci pourrait être également du aux différents mécanismes d'endocytose, impliqués dans l'internalisation de macromolécules par différents types de cellules. Par exemple, certains donnés suggèrent que dans le cas de dendrimères polyesters, le principal type de transfert intracellulaire est l'endocytose en phase liquide [254]. Par conséquent, les cultures cellulaires les plus sensibles à ces macromolécules seront celles qui utilisent d'avantage ce mécanisme de transport transmembranaire.

5.4. Biodégradabilité de nanovecteurs dendritiques

Comme déjà indiqué précédemment, la majorité des études concernant l'activité biologique de dendrimères, y compris les effets toxiques observés *in vivo* et *in vitro*, se limite à étudier l'influence des propriétés de surface de ces macromolécules, sans mentionner l'influence de la nature des produits de biotransformation. Néanmoins, le comportement de structures dendritiques au niveau de leur biodégradabilité et les propriétés des produits résultant de cette biodégradation peut également influer sur l'efficacité globale de ce type de nanovecteurs.

Les macromolécules non biodégradables qui ne peuvent être éliminées par clairance rénale, ont tendance à s'accumuler à l'intérieur de l'organisme, en causant des effets indésirables. Par exemple, il est connu qu'après l'administration iv chez la souris, les polymères hydrophiles linéaires (N-(2-hydroxypropyl)méthacrylamide et N-[2-(4-hydroxyphényl)éthyl]acrylamide etc.) dont la masse moléculaire dépasse 18 kDa sont partiellement retenus à l'intérieur de l'organisme. Ils se retrouvent sous forme de dépôt dans différents organes, de préférence, dans la peau et les muscles. La vitesse de l'élimination des macromolécules diminue avec l'augmentation de leur taille [293]. Il faut également mentionner que l'accumulation intracellulaire de polymères non biodégradables peut causer la maladie lysosomale [254, 294]. Dans le cas de dendrimères ayant les structures relativement stables (PPI, PAMAM, polylysines, polyéthers etc.), le stockage s'effectue principalement dans le foie [97].

Dans ce contexte, l'utilisation de macromolécules biodégradables présente plus d'avantages car elles pourraient être d'abord réduites en petits fragments métabolisés, lesquels seraient ensuite soit éliminés directement par clairance rénale, soit réutilisés utilement par l'organisme dans ces propres besoins biologiques. À cet égard, les dendrimères dont l'intégrité est maintenue par les liaisons esters, peuvent être dégradés en présence d'une carboxyesterase [97, 281, 295, 296]. Quelques recherches ont également montré une possibilité d'hydrolyser les esters dans les milieux faiblement acides, neutres ou basiques [276]. Par conséquent, les dendrimères polyesters comme biomatériaux artificiels et biodégradables représentent une classe de macromolécules très attrayante. Néanmoins, il a été rapporté que les taux d'hydrolyse de ces structures peuvent varier grandement, en fonction de particularités de leurs architectures telles que la présence des fragments hydrophobes, des gènes stériques etc. [281].

Parmi les groupements chimiques, assurant la biodégradabilité de macromolécules, il est aussi à mentionner les ponts disulfures, sensibles au glutathion. Le glutathion (GSH), un tripeptide est produit par la majorité de cellules des mammifères. Son rôle est essentiel dans les mécanismes cellulaires de protection chimique. Dans le cas de certaines maladies telles que cancers, inflammation etc., l'expression du GSH est plus élevée dans les sites pathologiques que dans les tissus et cellules sains. À cet égard, le groupement disulfure a été utilisé dans de nombreuses études pour effectuer le relargage ciblé de PA, en greffant les molécules actives à la périphérie de dendrimères [97, 138, 297]. Récemment H. Liu et col. ont également rapporté la synthèse de polymères réticulés, obtenus à partir de molécules PAMAM G2, liées par les ponts disulfures. Ces composés ont été proposés comme agent de transfection intracellulaire et ils sont caractérisés par une faible cytotoxicité [298].

Une solution très intéressante et pratique consiste à combiner les avantages de structures dendritiques polyesters avec les propriétés du groupement disulfure. En particulier, la compagnie Polymer Factory a commercialisé une série de produits dendritiques, PFD, à cœur disulfure qui représentent les dendrimères polyesters de G1-5, portant des groupements périphériques hydroxyles (**Figure 26**) ou acétonides [243].

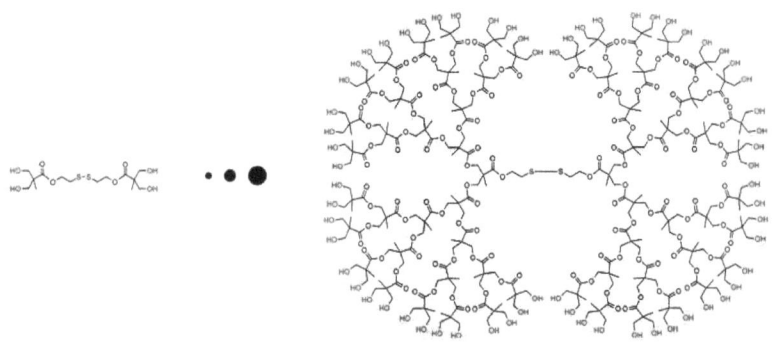

Figure 26. Structure de dendrimères polyesters PFD de G1 et G5 à cœur disulfure, produits de la compagnie Polymer Factory [243].

Des résultats intéressants sur l'autoclivage complet de dendrons, initié par le détachement d'une molécule chimiquement active, ont été récemment rapportés. Par exemple, la dégradation de dendrons assemblés par les groupements carbamates, liés avec les unités 2,6-bis(hydroxymethyl)-*p*-cresol, a été déclenchée par une libération spontanée d'un dérivé aminé [299, 300]. « L'auto-immolation » de macromolécules portant les liaisons phénéthyl-carbonates a été effectuée en présence de zinc et d'acide acétique [301]. Une autre approche a été basée sur l'activité chimique du *p*-nitrophénol (libéré premièrement sous l'effet de l'irradiation UV), exercée sur les dérivés de 2,4-bis(hydroxyméthyl)phénol [302]. Il est cependant à noter que dans ces trois cas, les expériences se rapprochant de conditions *in vivo*, incluant l'étude sur des effets toxiques possibles liés à la présence du zinc ou du *p*-nitrophénol, n'ont pas été réalisées.

6. Discussion générale : problématique et perspectives du domaine d'utilisation des nanovecteurs dendritiques

6.1. Nanovectorisation comme une solution des problèmes liés aux molécules médicamenteuses

L'analyse générale de la situation actuelle dans la pharmacologie moderne permet de mettre en évidence que malgré des succès incontestables de traitements médicamenteux, les attentes des médecins et des patients ne sont pas encore complètement satisfaites. Au fil des ans, beaucoup de molécules actives potentiellement très prometteuses ont vu leur mise sur le marché compromise en raison de problèmes liés à une faible biodisponibilité et de mauvaises caractéristiques pharmacocinétiques. En effet, plusieurs facteurs peuvent être considérés comme étant des causes d'échec du développement de nouveaux médicaments, ainsi que de traitements avec les médicaments déjà commercialisés. Parmi ces facteurs, il est à mentionner les problèmes au niveau de la solubilité dans l'eau, la taille, la sélectivité d'action par rapport au site pathologique, ainsi que de la sensibilité à la dégradation et à la métabolisation menant souvent à la perte de l'efficacité comparativement aux molécules actives initiales, la liaison aux protéines plasmatiques, les interactions avec le système réticuloendothélial menant à la réponse immunitaire, de la clairance rénale et hépatique, et d'une mauvaise internalisation cellulaire. L'utilisation des excipients (substances permettant d'améliorer certaines caractéristiques du médicament, sans présenter aucune action pharmacologique) qui sont mal adaptés ou toxiques peut également causer des effets indésirables. Les conséquences découlant des facteurs ci-mentionnés sont une augmentation des doses à administrer et de leur fréquence, ce qui provoque souvent les effets toxiques secondaires. En fin de compte, cela limite considérablement l'efficacité de traitement de plusieurs maladies et pathologies incluant les troubles aussi graves que le cancer.

D'une manière générale, pour remédier à ces problèmes, il y a potentiellement deux solutions principales: (i) l'élaboration de nouvelles molécules actives, plus performantes au niveau de facteurs ci-mentionnés, ou (ii) le développement de systèmes de livraison (vecteurs) dans le cas de principes actifs déjà approuvés et connus sur le marché. La deuxième solution, l'approche de vectorisation, est considérée par la majorité des experts comme étant beaucoup plus économique, car l'élaboration d'un médicament à base d'une substance active déjà approuvée est généralement moins couteuse et plus courte.

En dehors de l'aspect économique, un vecteur idéal devrait normalement posséder une taille et les propriétés de surface appropriées, être capable d'encapsuler efficacement les molécules de principe actif, en les isolant de l'environnement biologique et, finalement, de les libérer dans un site pathologique en question. En outre, le vecteur doit être non toxique à court et long terme. Cela met en évidence la nécessité de s'assurer de la sécurité du vecteur non seulement en ce qui concerne l'intégrité de sa structure durant son parcours à l'intérieur de l'organisme, mais également au niveau des produits de sa possible biotransformation après avoir accompli sa mission principale. Dans ce contexte, il est intéressant de noter que le vecteur idéal devrait correspondre au concept hypothétique de « *magic bullets* » de Paul Ehrlich, permettant de livrer la majorité, sinon la totalité, d'une charge thérapeutique sans avoir d'effets significatifs sur des tissus non ciblés. Néanmoins, malgré des avancées significatives réalisées dans ce domaine, on doit constater que la réalité de la vectorisation est toujours très loin de ce scénario idéal. Bien que de nombreuses solutions soient déjà proposées pour y remédier, l'élaboration de nouveaux systèmes de vectorisation est toujours d'actualité.

De nos jours, beaucoup d'espoirs ont été mis dans les systèmes de livraison de principes actifs à l'échelle nanométrique, nanovecteurs. Les recherches réalisées par de nombreuses équipes ont permis de créer et caractériser des systèmes de nanovectorisation de différents types tels que liposomes, micelles, nanocapsules polymériques et lipidiques solides, nanogels, dendrimères, ainsi que les nanotubes de carbone, etc. Les facteurs cruciaux pour chacun de ces types de vectorisation ont été élucidés et examinés, en ouvrant finalement de larges perspectives pour le développement futur de ce domaine.

Actuellement, plusieurs nanoformulations médicamenteuses à base de liposomes et de polymères biodégradables se retrouvent sur le marché à l'échelle industrielle, en raison de l'amélioration revendiquée par rapport à l'utilisation de molécules actives non formulées. En particulier, ces systèmes ont permis d'améliorer de façon significative la solubilité de principes actifs, la situation avec des effets toxiques sur les tissus non ciblés et, également, la pénétration de principes actifs à travers certaines membranes et barrières biologiques. Il faut cependant noter que la stabilité assez faible des liposomes dans les milieux biologiques, ainsi que la distribution de taille souvent très insatisfaisante de nanoparticules polymériques constituent toujours des problèmes majeurs à contourner.

D'autres préoccupations liées aux différents systèmes de nanovectorisation sont des taux de charge et de livraison ciblée insuffisants, le contrôle faible de la libération du principe actif, dans certains cas, la toxicité intrinsèque de nanovecteurs, etc. Ainsi, on doit constater qu'il y a toujours un besoin pour élaborer des approches de nanotransport médicamenteux plus efficaces.

6.2. Dendrimères comme agents de nanoencapsulation

L'utilisation de dendrimères, macromolécules symétriques et hautement branchées ayant des structures nanométriques parfaitement définies, est considérée potentiellement parmi les meilleures solutions dans la nanovectorisation. En effet, une faible polydispersité de ces macromolécules, ainsi que leur intégrité structurale, devrait amener respectivement une reproductibilité élevée de résultats et, également, une stabilité plus grande par rapport aux nanovecteurs multimoléculaires tels que micelles polymériques et liposomes. Grâce à la présence des cavités internes, les dendrimères sont capables d'accueillir des molécules de taille convenable, en présentant ainsi des nanocapsules unimoléculaires. Il existe également la possibilité d'utiliser le potentiel des groupements fonctionnels périphériques, permettant le greffage de différentes molécules d'une manière covalente.

Ainsi, dans le cas des dendrimères, la vectorisation est déterminée grandement par la façon avec laquelle le principe actif est censé être associé à son nanotransporteur. En particulier, les molécules actives peuvent être soit encapsulées dans les cavités internes au moyen d'interactions physico-chimiques, soit associées par la conjugaison covalente avec les groupements fonctionnels à la périphérie ou dans les couches proches de la surface. Les deux approches ont déjà montré certains avantages comparativement à l'administration de principes actifs non formulés. Il faut cependant noter que l'encapsulation physicochimique de principes actifs au sein de la structure dendritique représente une solution généralement plus économique que le greffage covalent. D'une manière générale, cette approche est caractérisée par la simplicité de la procédure d'encapsulation. De plus, dans ce cas, la molécule active demeure intacte et, par conséquent, le processus d'approbation de nouvelles formulations devrait être beaucoup plus facilité.

En dehors des avantages déjà mentionnés, d'autres effets positifs liés à l'application de systèmes de nanoencapsulation non covalente à base de dendrimères sont également connus. Parmi ceux-ci, il convient de noter une augmentation de la solubilité dans l'eau de complexes d'inclusion « dendrimère-principe actif » résultants. La présence d'éléments structuraux convenables (responsables des interactions physico-chimiques efficaces) à l'intérieur de la structure dendritique peut augmenter la stabilité de ces complexes d'inclusion dans la circulation systémique. Certains groupements fonctionnels présents à la périphérie de macromolécules, ainsi que les molécules pouvant exercer le rôle de ligands biologiques, greffées sur la surface dendritique, peuvent assurer un meilleur ciblage du vecteur, ce qui amène à leur meilleure biodisponibilité. Finalement, l'absence des effets toxiques et la biodégradabilité suffisante de certaines classes des structures dendritiques, ainsi que la non-toxicité et l'élimination facile de produits de la biodégradation peuvent amener la sécurité biologique de ces systèmes.

6.2.1. Aspect de synthèse

Un des facteurs très importants à mentionner dans ce contexte est que la chimie des dendrimères représente un domaine déjà assez bien développé. En effet, les voies de synthèse traditionnelles, divergente et convergente, ainsi que l'approche récente d'assemblage en blocs, présentées en détail dans le chapitre 2, sont devenues des outils incontournables pour la création des nouvelles macromolécules de ce type. En particulier, l'assemblage des dendrimères en blocs présynthétisés permet de réduire considérablement le nombre des étapes de synthèse, comparativement à l'utilisation d'approches classiques. De plus, cette stratégie pourrait être efficace dans l'obtention des dendrimères composés des segments de différente nature. Il faut cependant indiquer qu'en règle générale, avec la montée en génération, l'obtention de structures dendritiques « parfaitement définies » devient de plus en plus difficile. En effet, à quelques exceptions près (tel que les dendrimères PAMAM et PPI), il est très rare de trouver de protocoles de synthèse des macromolécules dont la génération est supérieure à quatre. Premièrement, ceci est expliqué par le fait que la gêne stérique peut empêcher grandement le couplage efficace entre les éléments à assembler, ce qui amène une diminution des rendements réactionnels. Deuxièmement, avec la hausse de la génération, l'isolation de dendrimères purs des produits résultant de modifications incomplètes représente un problème extrêmement difficile à contourner, étant donné la différence négligeable entre leurs structures. L'un des compromis qui permettent d'amener à la production de dendrimères à grande échelle consiste à se limiter aux produits qui représentent des mélanges de structures homologues (pseudo-dendrimères), tout en évitant des étapes de purification supplémentaires compliquées et couteuses. Actuellement, cette approche est utilisée par la compagnie suédoise

Polymer Factory pour synthétiser les séries de produits polyesters *Boltorn®* et polyamides *Hybrane®*.

6.2.2 Aspect de rétention du principe actif dans le dendrimère

Dans le contexte de l'utilisation des dendrimères comme agents de nanoencapsulation des principes actifs, il convient de noter que de nombreuses équipes de recherche ont mis en évidence les mécanismes d'interactions physico-chimiques responsables du processus d'encapsulation, voir la rétention non covalente de molécules médicamenteuses au sein de l'architecture dendritique. Dépendamment du squelette dendritique, de sa génération et de la structure de la molécule active, plusieurs types d'interactions peuvent participer à la formation des complexes d'inclusion « vecteur dendritique-principe actif ». Parmi ceux-ci, on peut distinguer les interactions électrostatiques, hydrophobes, π-π, ponts hydrogènes, ainsi que les effets de l'immobilisation stérique présentés dans le chapitre 4.

La procédure typique de l'encapsulation de principes actifs dans les dendrimères consiste à solubiliser le vecteur et la substance à charger en excès dans un solvant approprié (le plus souvent, dans un solvant organique volatil) et, finalement, d'éliminer le principe actif nonencapsulé (le plus souvent, par l'ultrafiltration après la la resolubilisation du mélange résultant dans un autre solvant ayant plus d'affinité pour seulement un des constituants).

D'une manière générale, le taux du principe actif encapsulé et la stabilité de complexes d'inclusion augmentent avec la montée en génération du dendrimère et avec l'augmentation du nombre des groupements qui peuvent interagir entre aux par les effets physico-chimiques mentionnés ci-dessus. Il faut cependant noter que l'impact exact de groupements chimiques internes dans la structure dendritique sur le processus d'encapsulation reste toujours à préciser. Les recherches concernant l'élaboration de vecteurs dendritiques, en se basant sur l'évaluation quantitative de facteurs structuraux, bien que représentant une étape logique du développement, sont plutôt très rares.

Dans la majorité des cas, les tests quantitatifs de libération du principe actif de leurs formulations avec les dendrimères sont limités aux essais *in vitro*. En particulier, le milieu de relargage à base d'eau, contenant une formulation à étudier, est remis en contact (le plus souvent par une membrane ultrafiltrante, permettant le passage du PA libéré) avec les portions fraiches du milieu de relargage sans formulation.

Néanmoins, il est connu qu'un désavantage majeur de l'encapsulation des principes actifs dans les dendrimères est une faible stabilité de complexes d'inclusion dans la circulation systémique, ce qui résulte en relargage trop rapide et incontrôlable de molécules actives, et, par conséquent, en des taux de leur ciblage très faibles. Afin de contourner ce problème, une augmentation de groupements responsables pour la rétention de molécules encapsulées est généralement recommandée. Dans ce cas, il faut également tenir compte des facteurs externes qui peuvent également contribuer à la stabilité de ces systèmes de vectorisation. Comme déjà montré dans la section 4.4, les facteurs externes les plus importants pour l'efficacité d'encapsulation sont le pH, la présence des électrolytes, l'influence des protéines du plasma et la température. De plus, la possibilité de former des structures supramoléculaires, composées de plusieurs dendrimères, pourrait également contribuer au ralentissement de la libération des molécules actives. Ainsi, les études de stabilité des complexes d'inclusion « dendrimère-PA » ne doivent normalement pas se limiter aux expériences sur les systèmes modèles trop simples, car les propriétés des systèmes réels (tels que pH, tonicité, présence des protéines et membranes biologiques, etc.) jouent également un rôle très important dans le processus de vectorisation. L'objectif ultime de ces tests sera donc de trouver un compromis entre la structure dendritique et les paramètres du milieu, afin de maximiser le chargement de PA et, en même temps, de réduire ses pertes incontrôlables. Idéalement, il faut maximiser la similarité entre le milieu de relargage utilisé dans les tests avec les systèmes biologiques réels dont le traitement est prévu.

6.2.3 Toxicité et biodégradabilité des dendrimères

Étant donné que les dendrimères sont envisagés en tant qu'agents de nanoencapsulation, il est essentiel que ces transporteurs soient non toxiques, non immunogènes, et de préférence biodégradables. Il est néanmoins de noter que de nos jours, il y a un manque évident de l'information permettant de conclure sur l'impact global de la présence de composés en question administrés chez l'humain, surtout, à long terme. En effet, notre analyse de la toxicité de dendrimères ne sera jamais complète sans tenir compte de l'ensemble des effets différents sur l'organisme tout entier. Néanmoins, compte tenu de la complexité et du coût très élevé de telles expériences multiparamétriques, la majorité des études sont limitées uniquement aux certains tests sur les cellules (*in vitro*) et, dans les cas moins nombreux, sur les animaux (*in vivo*).

D'une manière générale, les résultats de tests *in vitro* et *in vivo* indiquent que les propriétés de surface de dendrimères, la génération, la concentration et la durée de l'exposition sont des paramètres clés dans les études de toxicité. Par exemple, les résultats de ces tests suggèrent collectivement que les dendrimères portant les groupements aminés terminaux ont une utilité très limitée en tant que vecteurs des principes actifs. Dans ce contexte, la modification chimique de groupements aminés périphériques est devenue une des solutions à la fois les plus répandues et efficaces. En particulier, plusieurs études comparatives ont montré que les dérivés de macromolécules aminées portant les groupements carboxyliques, hydroxyles, PEG etc. (voir dans le chapitre 5) causent beaucoup moins d'effets toxiques que leurs précurseurs.

Il est également très intéressant de noter que bien que l'impact des produits de biotransformation de dendrimères sur la toxicité soit également possible, les effets observés avec ces macromolécules ne sont généralement associés dans la littérature qu'aux propriétés de surface dendritique, en mettant ainsi en exergue seulement l'étape initiale du processus global. Cependant, pour conclure sur l'équivalence de dendrimères au niveau de toxicité, il faudrait normalement continuer à suivre la biodistribution du vecteur, en mettant en évidence tous les changements éventuels dans leurs structures chimiques et, par conséquent, leur influence sur l'organisme.

Dans ce contexte, d'autres facteurs doivent être pris très au sérieux tels que la biodégradabilité de macromolécules et, s'il y en a, la non-toxicité des produits de leurs biotransformations. En particulier, les dendrimères non biodégradables qui ne peuvent être éliminés par clairance rénale auront tendance à s'accumuler à l'intérieur de l'organisme sous forme de dépôt dans différents organes, en causant des effets indésirables. Par conséquent, les macromolécules biodégradables présentent plus d'avantages, car elles pourraient être d'abord réduites en petits fragments métabolisés, lesquels seraient ensuite soit éliminées directement par clairance rénale, soit réutilisée utilement par l'organisme dans ces propres besoins biologiques. À cet égard, de très nombreuses structures dendritiques dont l'intégrité est maintenue par les liaisons esters et disulfures ont été proposées. Parmi ceux-ci, les dendrimères polyesters sont présentement considérés comme ayant plus d'avenir, étant donné la possibilité d'avoir les produits de leurs biotransformations biocompatibles tels que certains alcools et acides carboxyliques.

6.2.4 Aspect de biodistribution et de ciblage

Afin d'assurer les propriétés adéquates de dendrimères comme agents de nanotransport des principes actifs, il faut également prévoir leurs parcours à l'intérieur de l'organisme. Ceci doit normalement inclure la voie d'administration, la durée de circulation, ainsi que le comportement par rapport à de très nombreux facteurs biologiques. Dans ce contexte, le rôle crucial est dévolu à la taille de structures dendritiques et aux propriétés de surface. Par exemple, il est connu que des nano-objets de moins 5,5 nm sont éliminés assez rapidement par la filtration rénale. L'extravasion de particules plus grandes peut s'effectuer dans l'endothélium des vaisseaux sanguins d'autres tissus sains, jusqu'à 20 nm, ainsi que dans les vaisseaux sanguins hépatiques, jusqu'à 150 nm. Dans le cas de certaines maladies, par exemple, les tumeurs solides, la polyarthrite rhumatoïde, l'ischémie cardiaque et intestinale, etc. (voir dans la section 3.2.), les fenestrations des vaisseaux sanguins dans les tissus affectés sont encore plus importantes, jusqu'à 380-780 nm, permettant ainsi l'extravasion facilitée des particules de quelques centaines de nanomètres. La conception des vecteurs à l'échelle nanométrique et submicronique doit également respecter le fait que le diamètre maximal permettant la pénétration de particules à travers la membrane cellulaire est limité à 500 nm. Finalement, il faut prévoir la phagocytose importante des microparticules dans la gamme de 1-6 µm et les propriétés emboliques des objets encore plus grands.

Malgré le fait que les macromolécules dendritiques sont présentées dans la littérature très souvent comme étant des structures « garantissant des nano-objets parfaitement définies et monodisperses », le problème de la taille de nanovecteurs n'est pas toujours trivial. En particulier, la mesure de la taille des particules formées dans les milieux aqueux par les dendrimères montre souvent qu'il s'agit des agrégats moléculaires, même dans le cas des surfaces dendritiques présentées par les groupements polaires. Un autre facteur extrêmement important et, en même temps, complexe et très difficile à prévoir est l'interaction avec les constituants du système biologiques tels que dans le cas des formulations injectables, l'opsonisation par les protéines plasmatiques et la séquestration par les macrophages, l'adsorption par l'endothélium des vaisseaux sanguins, etc. Ceci dépend grandement de la nature des fonctions périphériques de dendrimères et peut conduire à des changements au niveau de la taille de particules résultantes et, par conséquent, de l'efficacité du traitement.

En dehors de la taille, la nature de groupements de surface dendritique peut également déterminer une accumulation sélective de dendrimères dans des organes et tissus. Par exemple, il a été montré que les nano-objets chargés positivement ont une tendance à s'attacher aux cellules d'une manière non spécifique et rapide, tandis qu'une forte charge négative augmente l'absorption par le foie. Dans le cas de surfaces hydrophobes, les nanoparticules sont rapidement couvertes par les protéines plasmatiques, tandis que les dendrimères avec les surfaces à la fois neutres et hydrophiles, telles que formées par les groupements PEG, peuvent demeurer dans la circulation systémique plus longtemps.

Ainsi, les facteurs déterminant la biodistribution du vecteur jouent un rôle primordial pour s'assurer du meilleur ciblage du site pathologique visé. Il faut cependant noter que le taux de livraison ciblé du principe actif atteint à l'aide de différents nanovecteurs, y compris les dendrimères, reste toujours relativement faible (par exemple, moins de 5% dans le cas du ciblage des tumeurs solides) et représente l'une des plus grandes préoccupations dans ce domaine. Une solution possible consiste à modifier la surface de nanovecteurs avec des molécules qui représentent des ligands spécifiques par rapport à la cible thérapeutique. Néanmoins, le nombre de molécules pouvant exercer de telles fonctions reste encore extrêmement limité.

6.2.5. Aspect de libération du principe actif in vivo

Dans le cas de vectorisation, la capacité de bien contrôler le processus de relargage du principe actif dans le site pathologique représente également une propriété très importante. L'utilisation des dendrimères en tant qu'agents d'encapsulation nécessite d'élaborer une stratégie fiable pour atteindre un équilibre entre les qualités assez contradictoires. En effet, d'un côté, il faut s'assurer de la capacité de macromolécules dendritiques de capter et retenir les molécules médicamenteuses, juste par les effets physico-chimiques, et, de l'autre côté, il faut s'assurer qu'à un moment opportun, les mêmes molécules sortent complètement du vecteur.

D'une manière générale, afin de résoudre ce problème, deux approches sont proposées, la libération de molécules encapsulées soit par l'effet de diffusion, soit suite aux changements dans la structure du vecteur (par exemple, l'état d'ionisation, la dégradation de certaines liaisons chimiques, etc.). La première se base sur la supposition qu'une fois le vecteur est rendu dans le site pathologique, le principe actif se libère graduellement par l'effet de diffusion. Ainsi, le facteur limitant l'efficacité du traitement est le taux de ciblage du vecteur. Étant donné le problème majeur lié à la biodistribution non sélective de nanotransporteurs, mentionné dans la section précédente, l'applicabilité de cette approche est toujours sous question.

La deuxième approche est potentiellement plus efficace. En effet, durant son parcours vers le foyer d'affection, le vecteur portant le principe actif doit normalement demeurer intact. Le processus des changements structuraux dans le vecteur accompagné de la libération de la charge thérapeutique doit se déclencher juste dans le site pathologique, ce qui exclut les pertes incontrôlables du principe actif. Ainsi, l'élément essentiel dans ce cas est de choisir la structure chimique du vecteur qui sera suffisamment sensible à un facteur chimique ou physique, caractéristique du site pathologique en question. En particulier, comme déjà indiqué dans le chapitre 4, les dendrimères portant les fonctions aminées internes dont l'interaction avec les principes actifs acides est déterminée par les effets électrostatiques, ont été proposé pour le relargage contrôlé de charges thérapeutiques dans les sites pathologiques possédant des pH acides tels que certaines tumeurs solides. Les macromolécules dendritiques assemblées à l'aide de points disulfures sont potentiellement très prometteuses pour la libération des molécules actives dans des milieux avec les taux d'expression élevés du glutathion, par exemple, dans le cas de cancer ou d'inflammation (voir dans le chapitre 5). Finalement, les dendrimères polyesters peuvent se retrouver utiles pour effectuer le relargage par la voie de dégradation en présence d'une carboxyesterase. Malgré les avantages ci-mentionnés, l'approche de la libération de molécules encapsulées, liée aux changements structuraux du vecteur, possède également des limitations importantes. En effet, il est nécessaire de souligner que d'une manière générale, les variations de pH ou de concentrations de glutathion et de carboxyesterase ne sont pas assez grandes dans les sites pathologiques par rapport aux tissus sains. De plus, la sensibilité de structures dendritiques aux facteurs externes peut varier grandement en fonction de particularités de leurs architectures telles que la présence des fragments hydrophobes, des gènes stériques, etc. Par conséquent, même avec cette approche beaucoup plus avancée, il existe toujours une probabilité assez élevée du relargage non ciblé de principes actifs. Ainsi, afin de profiter efficacement de cette stratégie, il y a actuellement un besoin pour trouver de nouveaux facteurs capables de déclencher la libération de la charge thérapeutique d'une manière plus sélective par rapport aux sites pathologiques.

6.2.6. Perspectives

L'analyse bibliographique présentée dans ce livre montre que les dendrimères proposés comme agents de nanoencapsulation des molécules médicamenteuses méritent à juste titre beaucoup d'attention. Des milliers d'études réalisées à ce sujet ont permis d'élucider et de mieux comprendre l'influence de nombreux facteurs qui contribuent à la création de nanovecteurs dendritiques plus performants. Néanmoins, malgré des avantages potentiels par rapport aux autres types de systèmes de nanoencapsulation, les dendrimères ne sont toujours pas considérés comme étant compétitifs sur le marché pharmaceutique. En effet, il semble surprenant que depuis la première proposition d'utiliser ces macromolécules pour encapsuler les principes actifs, faite en 1989, les agents dendritiques de ce type n'aient jamais figuré parmi les constituants des formulations médicamenteuses commerciales. Ceci est probablement dû au niveau toujours assez faible du développement général de ce domaine, ainsi qu'aux résultats insatisfaisants, obtenus durant les tests préliminaires *in vitro* ou *in vivo*. Les raisons plus particulières pouvant expliquer cette situation sont les suivantes: la toxicité des structures dendritiques disponibles à grande échelle que ce soit au niveau du dendrimère lui-même, soit au niveau des produits de biodégradation; le faible taux d'encapsulation des principes actifs dû principalement à la taille et à la nature des cavités internes lesquelles sont mal adaptées pour retenir efficacement des principes actifs en question; la libération trop rapide et incontrôlable de la charge thérapeutique. Ainsi, on peut constater que d'une manière générale, l'utilisation des dendrimères dans la nanoencapsulation des principes actifs est susceptible de faire peu d'avancées, sans des changements assez importants dans les stratégies actuelles.

Dans ce contexte, il faut noter que la plupart des études sur la nanoencapsulation faisant appel à des dendrimères consistent premièrement à proposer de nouvelles structures dendritiques ou à modifier chimiquement celles qui sont déjà connues, et, ensuite, à réaliser les tests de captation/libération d'une série de PA de modèle qui possèdent généralement une mauvaise biodisponibilité. Cette stratégie assez simpliste sur le plan de la sélectivité du vecteur par rapport à la structure de PA, résulte souvent en des taux de charge et une vitesse de relargage, ainsi que d'autres paramètres pharmacocinétiques qui sont inappropriées pour les utilisations cliniques.

Une solution potentiellement plus prometteuse pour résoudre de multiples problèmes mentionnés plus haut repose sur l'élaboration de nouveaux systèmes d'encapsulation dendritiques, en utilisant une stratégie alternative combinatoire, incluant les procédures d'optimisation à chaque étape de la conception d'un nouveau vecteur. Par exemple, après avoir choisi un type de traitement (pour ce qui concerne les perspectives liées aux traitements thérapeutiques spécifiques, voir dans la section 3.3) et un principe actif à encapsuler, l'objectif de la première étape d'une telle approche serait de choisir les éléments structuraux de futurs dendrimères tels que cœurs, groupements espaceurs, points de divergence et groupements terminaux. Il serait logique que les substances sélectionnées à cette fin soient non toxiques et en même temps permettant l'assemblage efficace de nouvelles macromolécules. Il est important de prévoir aussi la présence des groupements chimiques qui seront responsables de la rétention et du relargage des molécules actives à encapsuler.

Avant de passer aux travaux de synthèse chimique, il est possible de réaliser les procédures de simulation computationnelle pour évaluer au préalable l'affinité de vecteurs dendritiques à base d'éléments structuraux présélectionnés pour la molécule active. En particulier, l'approche computationnelle pourrait rendre le processus d'élaboration des nouveaux nanovecteurs dendritiques plus économique. En effet, une application de procédures de simulation fiables, avant des travaux dans les systèmes réels, permettrait d'optimiser le processus du criblage des structures potentiellement intéressantes, en réduisant ainsi la bibliothèque des dendrimères à synthétiser.

Il convient de mentionner que l'utilisation des calculs *in silico*, afin d'évaluer la capacité d'encapsulation des molécules de PA par des dendrimères, représente un domaine assez peu étudié. Bien que la première publication à ce sujet date de 1989 [202], les travaux touchant à cet aspect restent toujours peu nombreux. La majorité des autres études à ce sujet sont principalement limitées soit à l'organisation des structures dendritiques dans l'espace [222, 303-307], soit à l'encapsulation de molécules et d'ions n'ayant pas d'activité pharmacologique tels que Rose Bengale [308], anion de perchlorate [309], cation de cuivre Cu (II) [310] etc. Pourtant, une mise au point des techniques computationnelles fiables, confirmées par des résultats expérimentaux, pourrait permettre non seulement de trouver des nouveaux agents d'encapsulation plus efficaces, mais également d'étudier plus profondément les mécanismes impliqués dans le processus d'encapsulation. Par exemple, une étude *in silico* de H. Lee et G. Larson [222] a aidé à clarifier l'effet de diminution du taux d'encapsulation du pyrène dans les dendrimères PAMAM portant les chaines PEG5000, comparativement aux structures avec les chaines PEG2000, décrites par H. Yang et col. [221] (voir aussi la section 4.2). D'autres travaux ont permis de mieux comprendre les mécanismes d'interaction de PAMAM avec un constituant du sang tel que l'albumine [311].

Les buts des troisième et quatrième étapes de la stratégie alternative combinatoire seront respectivement de réaliser la synthèse chimique de dendrimères, dont les structures seront choisies en se basant sur les calculs *in silico*, et de faire les études d'encapsulation/libération du principe actif dans les systèmes de modèle réels. Ces étapes serviront donc à vérifier l'exactitude de résultats de calculs obtenus à la deuxième étape.

Les objectifs des étapes suivantes seront d'effectuer les tests préliminaires de cytotoxicité de structures dendritiques synthétisées, par exemple, selon une méthode standard de viabilité cellulaire, et, finalement, de vérifier l'efficacité de systèmes « dendrimère-principe actif » sur des lignées de cellules appropriées. Une étude supplémentaire pourrait être également réalisée pour mettre en évidence les produits de biotransformation de nanovecteurs, ainsi que pour évaluer leur impact sur les cellules. Les résultats de ces tests peuvent être comparés avec les résultats obtenus dans les cas du principe actif non formulé et, également, de formulations présentées actuellement sur le marché pharmaceutique.

Dans le cas des résultats encourageants, les tests *in vivo* sur un modèle animal peuvent être ainsi réalisés, en particulier pour étudier d'éventuels effets toxiques, la biodistribution et l'efficacité du traitement. Il est également possible à cette étape d'apporter quelques ajustements structuraux liés au greffage de ligands prometteurs pouvant potentiellement améliorer le ciblage de sites pathologiques en question.

Ainsi, la réalisation des étapes ci-mentionnées fournirait l'ensemble des données nécessaires pour confirmer avec certitude l'intérêt potentiel des systèmes proposés, d'abord, pour les tests ultérieurs précliniques plus approfondis, et, par la suite, dans le cas de succès, pour les études cliniques et la commercialisation.

Conclusion

En règle générale, l'application des systèmes de nanoencapsulation non covalente pour remédier au problème de mauvaise biodisponibilité de molécules médicamenteuses lesquelles ont des difficultés d'atteindre leur optimum thérapeutique, constitue une approche très prometteuse sur le plan à la fois médical et économique. Les recherches réalisées par de nombreuses équipes ont permis d'élucider les facteurs cruciaux pour ce type de vectorisation tels que de différents types d'interactions physicochimiques du vecteur avec le principe actif, l'influence de paramètres du milieu, la biocompatibilité et la biodégradabilité du vecteur, etc. Elles ont également permis d'élaborer de nouveaux agents de nanoencapsulation, en ouvrant ainsi de larges perspectives pour le développement futur de ce domaine. Dans ce contexte, beaucoup d'espoirs ont été mis dans les dendrimères, macromolécules symétriques et hautement branchées dont les architectures sont très bien définies grâce à l'assemblage chimique étape par étape. En effet, la taille nanométrique et la présence de cavités internes pouvant accueillir de petites molécules, ainsi que de groupements périphériques permettant la modification chimique de surface, rendent ces structures potentiellement très attrayantes pour les utilisations futures en tant qu'agents de nanoencapsulation de principes actifs. Parmi leurs principaux avantages par rapport aux systèmes de nanoencapsulation d'autres classes, il faut sans doute mentionner la reproductibilité élevée de résultats et la stabilité plus grande comparativement aux nanovecteurs formés à partir des molécules individuelles tels que micelles et liposomes. Une preuve très éloquente qui démontre l'intérêt grandissant porté aux nanovecteurs de ce type est que depuis la première proposition d'utiliser les dendrimères à cette fin, remontant à 1989, le nombre des publications à ce sujet n'a jamais cessé d'augmenter. Actuellement, des milliers de structures dendritiques différentes sont synthétisées et caractérisées, et l'encapsulation de plusieurs dizaines de principes actifs par les dendrimères a été décrite. De plus, avec l'apparition de nouvelles séries de structures dendritiques produites à grande échelle (notamment, *Boltorn®, PFD®, Hybrane®*, etc.), on peut raisonnablement s'attendre à l'apparition dans le futur proche de nombreux autres travaux de recherche sur leurs utilisations en nanovectorisation de molécules actives.

Avec comme objectif général l'amélioration du ciblage des agents thérapeutiques, les dendrimères peuvent potentiellement conférer aux formulations médicamenteuses la solubilité dans l'eau, la stabilité dans la circulation systémique, la diminution du pic plasmatique du principe actif souvent lié à des effets toxiques, ainsi que la meilleure biodistribution par rapport aux molécules actives non formulées. La présence de certains groupements fonctionnels à la périphérie de dendrimères, ainsi que de molécules pouvant exercer le rôle de ligands biologiques, peuvent amener à la meilleure biodisponibilité du vecteur, en assurant ainsi le meilleur ciblage de la charge thérapeutique. Finalement, l'absence des effets toxiques et la biodégradabilité de nanovecteurs dendritiques, ainsi que la non-toxicité et l'élimination facile de produits de leur biodégradation peuvent garantir la sécurité de ces systèmes pour la santé du futur patient.

Malgré les progrès significatifs réalisés dans ce domaine durant les deux dernières décennies, les systèmes de nanoencapsulation à base de dendrimères possèdent également un certain nombre de désavantages, ce qui empêche grandement leurs applications à grande échelle. En effets, malgré le grand potentiel et tous les efforts, aucun agent de nanoencapsulation dendritique n'est encore inclus dans les formulations médicamenteuses commerciales. En particulier, avant de passer à l'étape de la mise en marché, les experts soulignent la nécessité de résoudre d'abord les problèmes liés au faible taux d'encapsulation des principes actifs dû principalement à la taille et à la nature des cavités internes lesquelles sont mal adaptées pour retenir efficacement des principes actifs en question, à la toxicité des structures dendritiques disponibles à grande échelle que ce soit au niveau du dendrimère lui-même, soit au niveau des produits de sa biotransformation, et, finalement, à la libération trop rapide et incontrôlable (phénomène de «*burst release*») de la charge thérapeutique *in vivo*, ce qui cause un relargage non ciblé dans le corps, entraînant ainsi une baisse d'activité et des effets secondaires [172, 192].

Parmi d'autres facteurs qui entravent significativement le développement de systèmes de nanoencapsulation dendritiques, il est à mentionner que d'une manière générale, le potentiel de dendrimères reste encore loin d'être exploré tant au niveau de la variété structurale que des approches de synthèse [229]. Il faut également indiquer le problème d'isolation des structures dendritiques pures des mélanges de produits réactionnels, résultant de la synthèse chimique incomplète, dont l'apparition est due à la gêne stérique importante durant l'assemblage de dendrimères de générations supérieures à trois. Ce problème est ainsi lié à la nécessité d'utiliser des étapes de purification compliquées, ce qui peut se répercuter négativement sur le coût final du produit, surtout s'il s'agit d'une production à grande échelle. Une solution assez prometteuse permettant de contourner cet obstacle est de se limiter aux produits qui représentent des mélanges de structures homologues, pseudo-dendrimères. En ce moment, cette approche est utilisée par la compagnie suédoise *Polymer Factory*.

Les mécanismes d'interactions physico-chimiques responsables du processus d'encapsulation, autrement dit, de la rétention non covalente de molécules médicamenteuses au sein de l'architecture dendritique tels que les interactions électrostatiques, hydrophobes, π-π, ponts hydrogènes, ainsi que les effets de l'immobilisation stérique, doivent aussi être étudiés plus en détail. En effet, l'impact global et exact de groupements chimiques présents dans la molécule active, ainsi que dans la structure dendritique sur le processus d'encapsulation reste toujours à préciser. Dans ce contexte, il faut noter que les travaux de la conception de nouveaux agents de nanoencapsulation dendritiques, en se basant sur l'évaluation quantitative de l'ensemble de groupements participant au processus de la formation de complexes d'inclusion, bien que représente une étape logique du développement, sont plutôt très rares. De plus, il faut également tenir compte des facteurs externes qui peuvent contribuer à la stabilité de ces systèmes de vectorisation, tels que le pH, la présence des électrolytes, l'influence des protéines du plasma, la température, etc. Par conséquent, durant les études de stabilité des complexes d'inclusion « dendrimère-PA », il est de préférence de maximiser la similarité entre le milieu de relargage de modèle, utilisé dans les tests, avec les systèmes biologiques réels dont le traitement est prévu.

La possibilité de former des structures supramoléculaires, composées de plusieurs molécules dendritiques peut aussi avoir un impact significatif sur l'efficacité d'encapsulation/libération. En particulier, le phénomène d'agrégation de dendrimères est souvent observé dans les milieux aqueux, même dans le cas des macromolécules ayant la surface hydrophile. Par conséquent, le concept classique de la « boîte monomoléculaire » dendritique ne devrait normalement être utilisé qu'après des vérifications nécessaires.

En tant que nanotransporteur à l'usage thérapeutique les dendrimères doivent être non toxiques, non immunogènes, et de préférence biodégradables. Il faut cependant noter qu'actuellement, il existe un manque évident de l'information permettant de conclure sur l'impact global de la présence de composés en question administrés chez l'humain, surtout, à long terme. D'une manière générale, les résultats de tests biologiques *in vitro* et *in vivo* indiquent que les propriétés de surface de dendrimères, la génération, la concentration et la durée de l'exposition sont des paramètres clés dans les études de toxicité. Les résultats de ces tests suggèrent collectivement que les dendrimères portant les groupements aminés terminaux ont une utilité très limitée. Pour contourner ce problème, la modification chimique de groupements aminés périphériques est devenue une des solutions à la fois les plus répandues et efficaces. Une autre solution consiste à utiliser des structures dendritiques à la fois non toxiques et biodégradables. Parmi ceux-ci, les dendrimères polyesters sont présentement considérés comme ayant plus d'avenir.

Afin d'utiliser les dendrimères comme nanovecteurs, il faut également s'assurer de la bonne biodistribution dans l'organisme, ce qui dépend grandement de la taille de structures dendritiques et de propriétés de surface. Il est cependant de noter que le taux de livraison ciblé du principe actif atteint à l'aide de différents nanovecteurs, y compris les dendrimères, reste toujours assez faible et représente l'une des plus grandes préoccupations dans ce domaine. Une solution prometteuse repose sur la possibilité de modifier la surface de nanovecteurs avec des molécules pouvant être utilisées comme ligands spécifiques par rapport à la cible thérapeutique. Néanmoins, le nombre de molécules pouvant exercer de telles fonctions reste encore extrêmement limité.

Un autre aspect très intéressant à ne pas sous-évaluer est la capacité de contrôler le processus de relargage du principe actif dans le site pathologique. Dans le cas de dendrimères, deux approches sont proposées à cette fin, la libération de molécules encapsulées soit par l'effet de diffusion, soit en réponse aux changements dans la structure du vecteur tels que son état d'ionisation ou la dégradation de certaines liaisons chimiques. Cependant, toutes les deux stratégies ont des limitations importantes. En effet, le problème majeur lié à la biodistribution non sélective de nanotransporteurs, mentionné précédemment, rend la première approche qui présente une diffusion simple des molécules actives, très problématique pour garantir un bon ciblage. L'approche qui consiste à effectuer la dégradation du vecteur dans le site pathologique est beaucoup plus attirante. Néanmoins, d'une manière générale, les variations de paramètres biologiques pouvant jouer le rôle du déclencheur de tels changements ne sont pas assez grandes dans les sites pathologiques par rapport aux tissus sains. De plus, la sensibilité de structures dendritiques aux facteurs externes peut varier grandement en fonction de particularités de leurs architectures, ce qui résulte en la probabilité assez élevée du relargage non ciblé de la charge thérapeutique. Ainsi, afin de profiter efficacement de cette stratégie, sans doute, très avancée, il y a actuellement un besoin pour trouver de nouveaux facteurs capables de déclencher le processus de dégradation du vecteur d'une manière plus sélective.

En ce qui concerne les stratégies générales de la conception de nouveaux agents dendritiques de nanoencapsulation, il faut souligner que la plupart des études consistent à proposer de nouvelles structures dendritiques (ou à modifier chimiquement celles qui sont déjà connues), et à réaliser les tests de captation/libération d'une série de principes actifs de modèle qui possèdent une mauvaise biodisponibilité. Cette approche très simpliste résulte souvent en des taux de charge et une vitesse de relargage inappropriés pour les utilisations cliniques. Une solution potentiellement plus prometteuse repose sur l'application de stratégies combinatoires, incluant les procédures d'optimisation à chaque étape de la conception du vecteur. Par exemple, un processus d'élaboration d'un nouvel agent dendritique pourrait inclure les stades, respectivement, de la présélection des éléments structuraux de futurs dendrimères, (ii) de simulations du processus d'encapsulation *in silico* d'une molécule active d'intérêt par les dendrimères constitués d'éléments structuraux présélectionnés, (iii) de l'assemblage chimique de structures dendritiques les plus prometteuses selon les calculs préliminaires, (iv) de tests préliminaires pour élucider des effets toxiques possibles, (v) de la vérification de l'efficacité d'encapsulation d'un principe actif en question, (vi) de l'étude d'efficacité des formulations élaborées *in vitro et in vivo*. La réalisation des étapes ci-mentionnées fournirait ainsi l'ensemble des données nécessaires pour conclure avec certitude de l'intérêt potentiel des systèmes proposés, d'abord, pour les tests ultérieurs précliniques plus approfondis, et, par la suite, dans le cas de succès, pour les études cliniques et la commercialisation.

En terminant, il faut noter que de très nombreux facteurs vont déterminer le choix final de structures dendritiques conçues pour l'encapsulation et la livraison ciblée des molécules médicamenteuses. L'analyse bibliographique présentée dans ce livre montre que le potentiel de dendrimères en tant que nanovecteurs reste encore loin d'être exploré. Avec comme objectif ultime la création des agents dendritiques de nanoencapsulation lesquels seront très compétitifs sur le marché pharmaceutique, il y a cependant encore des limitations à leur utilisation à grande échelle, comparativement aux nanovecteurs d'autres types. Toutefois, on peut raisonnablement s'attendre à ce que les tendances prometteuses liées à ces macromolécules se concrétisent dans les futurs produits beaucoup plus performants, étant donné de grandes avancées prévues dans le domaine de nanovectorisation au cours de prochaines années.

Liste des abréviations

ADME	Absorption, Distribution, Métabolisme et Excrétion
ADN	Acide désoxyribonucléique
AF	Acide folique
ARN	Acide ribonucléique
CCA	Concentration critique d'agrégation
CTI	Calorimétrie de titration isothermale
CYP	*Cytochrome isoenzyme*
DL50	Dose létale à 50%
DOX	Doxorubicine
DPMA	Poly(N,N-dimethylaminoethyl methacrylate)
DRO	Dérivés réactifs de l'oxygène
ECM	*Extracellular Matrix* (Matrice extracellulaire)
EPR	*Enhanced Permeability and Retention (effect)* ou Effet de perméabilité et rétention accrues
5-FU	5-Fluorouracile
G	Génération de dendrimère
GPT	*Glutamic Pyruvic Transaminase* (Transaminase glutamique pyruvique)
GSH	Glutathion
HAIYPRH	*Bacterial Phage-displayed peptide of the T7 group*
HSV	*Herpes simplex virus* (Virus de l'herpès)
HUVEC	*Human Umbilical Vein Endothelial Cells*
IND	*Investigational New Drug Application*
IP	Intrapéritonéale
IRM	Imagerie par résonance magnétique
IV	Intraveineuse
MMPs	Métalloprotéases matricielles
6-MP	6-Mercaptopurine

MTX		Méthotrexate
MTT		3-(4,5-Diméthylthiazol-2-yl)-2,5-diphényl tétrazolium
NCE		*New Chemical Entity* (Nouvelle entité chimique)
OLED		*Organic light-emitting diode* (Diode électroluminescente organique)
OMS		Organisation mondiale de la santé
PA		Principe actif
PAMAM		Dendrimères poly(amidoamine)
PBS		Tampon phosphate salin
PEG		Poly(éthylène glycol)
PEI		Dendrimères polyéthylèneimines
PFD		*Polymer Factory dendrimers*
PIR		Protéines inactivant les ribosomes
PPI		Dendrimères poly(propylène imine)
PTX		Paclitaxel
RPE		*Retinal pigment epithelium*
RMN		Résonance magnétique nucléaire
ROS		*Reactive Oxygen Species* (Dérivés réactifs de l'oxygène)
SIDA		Syndrome de l'immunodéficience acquise
SRE		Système réticuloendothélial
t-BOC		*tert*-Butoxycarbonyle
TRIS		2-Amino-2-hydroxyméthyl-1,3-propanediol
US		*United States* (les États Unies d'Amérique)
US FDA		*United States Food and Drug Administration*
VIH		Virus de l'immunodéficience humaine

Bibliographie

1. Fahr, A. and X. Liu, *Drug delivery strategies for poorly water-soluble drugs.* Expert Opinion on Drug Delivery, 2007. **4**(4): p. 403-416.
2. Wenlock, M.C., et al., *A Comparison of Physiochemical Property Profiles of Development and Marketed Oral Drugs.* Journal of Medicinal Chemistry, 2003. **46**(7): p. 1250-1256.
3. Lipinski, C.A., et al., *Experimental and computational approaches to estimate solubility and permeability in drug discovery and development settings.* Advanced Drug Delivery Reviews, 1997. **23**(13): p. 3-25.
4. Giliyar, C., D.T. Fikstad, and S. Tyavanagimatt, *Challenges and opportunities in oral delivery of poorly water-soluble drugs.* Drug Delivery Technology, 2006. **6**: p. 57-63.
5. van Hoogevest, P., X. Liu, and A. Fahr, *Drug delivery strategies for poorly water-soluble drugs: the industrial perspective.* Expert Opinion on Drug Delivery, 2011. **8**(11): p. 1481-1500.
6. Rabanel, J.-M., et al., *Drug-Loaded Nanocarriers: Passive Targeting and Crossing of Biological Barriers.* Current Medicinal Chemistry, 2012. **19**(19): p. 3070-3102.
7. Panchagnula, R., *Pharmaceutical aspects of paclitaxel.* International Journal of Pharmaceutics, 1998. **172**(1-2): p. 1-15.
8. Hande, K.R., *Etoposide: four decades of development of a topoisomerase II inhibitor.* European Journal of Cancer, 1998. **34**(10): p. 1514-1521.
9. Minotti, G., et al., *Anthracyclines: Molecular Advances and Pharmacologic Developments in Antitumor Activity and Cardiotoxicity.* Pharmacological Reviews, 2004. **56**(2): p. 185-229.
10. Nahar, M. and N.K. Jain, *Formulation and evaluation of saquinavir injection.* Indian Journal of Pharmaceutical Sciences, 2006. **68**(5): p. 608-614.
11. Pea, F., et al., *High vancomycin dosage regimens required by intensive care unit patients cotreated with drugs to improve haemodynamics following*

cardiac surgical procedures. Journal of Antimicrobial Chemotherapy, 2000. **45**(3): p. 329-335.

12. Shim, S.Y., et al., *Characterization of itraconazole semisolid dosage forms prepared by hot melt technique.* Archives of Pharmacal Research, 2006. **29**(11): p. 1055-60.

13. Rajagopalan, N., et al., *A Study of the Solubility of Amphotericin B in Nonaqueous Solvent Systems.* PDA Journal of Pharmaceutical Science and Technology, 1988. **42**(3): p. 97-102.

14. Muller, R.H., et al., *Oral bioavailability of cyclosporine: Solid lipid nanoparticles (SLN®) versus drug nanocrystals.* International Journal of Pharmaceutics, 2006. **317**(1): p. 82-89.

15. Waranis, R.P. and K.B. Sloan, *Effects of vehicles and prodrug properties and their interactions on the delivery of 6-mercaptopurine through skin: Bisacyloxymethyl-6-mercaptopurine prodrugs.* Journal of Pharmaceutical Sciences, 1987. **76**(8): p. 587-595.

16. Atanackovic, M., L. Gojkovic-Bukarica, and J. Cvejic, *Improving the low solubility of resveratrol.* BMC Pharmacology and Toxicology, 2012. **13**(Suppl 1): p. A25.

17. Hauss, D.J., et al., *Lipid-based delivery systems for improving the bioavailability and lymphatic transport of a poorly water-soluble LTB4 inhibitor.* Journal of Pharmaceutical Sciences, 1998. **87**(2): p. 164-169.

18. DiMasi, J.A., R.W. Hansen, and H.G. Grabowski, *The price of innovation: new estimates of drug development costs.* Journal of Health Economics, 2003. **22**(2): p. 151-85.

19. Bolten, B.M. and T. DeGregorio, *From the analyst's couch. Trends in development cycles.* Nature Reviews. Drug Discovery, 2002. **1**(5): p. 335-6.

20. Zhang, Y., H.F. Chan, and K.W. Leong, *Advanced materials and processing for drug delivery: The past and the future.* Advanced Drug Delivery Reviews, 2013. **65**(1): p. 104-120.

21. Agence de la Santé Publique du Canada, www.santepublique.gc.ca *(consulté en décembre 2012).*
22. Agence Fédérale Américaine des Produits Alimentaires et Médicamenteux (United States Food and Drug Administration, US FDA), www.fda.gov *(consulté en décembre 2012).*
23. Zolnik, B.S. and N. Sadrieh, *Regulatory perspective on the importance of ADME assessment of nanoscale material containing drugs.* Advanced Drug Delivery Reviews, 2009. **61**(6): p. 422-427.
24. Soo Choi, H., et al., *Renal clearance of quantum dots.* Nature Biotechnology, 2007. **25**(10): p. 1165-1170.
25. Lenz, H.-J., ed. *Biomarkers in Oncology*. 2013, Springer New York Heidelberg Dordrecht London. 447 p.
26. Allen, T.M., C.B. Hansen, and D.E.L. de Menezes, *Pharmacokinetics of long-circulating liposomes.* Advanced Drug Delivery Reviews, 1995. **16**(2-3): p. 267-284.
27. Kerns, E.H. and L. Di, *Drug-like properties: concepts, structure design and methods: from ADME to toxicity optimization*. 2008, Amsterdam; Boston: Academic Press. 526 p.
28. Loomis, K., K. McNeeley, and R.V. Bellamkonda, *Nanoparticles with targeting, triggered release, and imaging functionality for cancer applications.* Soft Matter, 2010. **7**(3): p. 839-856.
29. van Dongen, S.F.M., et al., *Biohybrid Polymer Capsules.* Chemical Reviews, 2009. **109**(11): p. 6212-6274.
30. Ganta, S., et al., *A review of stimuli-responsive nanocarriers for drug and gene delivery.* Journal of Controlled Release, 2008. **126**(3): p. 187-204.
31. Soussan, E., et al., *Drug Delivery by Soft Matter: Matrix and Vesicular Carriers.* Angewandte Chemie International Edition, 2009. **48**(2): p. 274-288.
32. Kohli, K., et al., *Self-emulsifying drug delivery systems: an approach to enhance oral bioavailability.* Drug Discovery Today, 2010. **15**(21-22): p. 958-965.

33. Davis, M.E., Z. Chen, and D.M. Shin, *Nanoparticle therapeutics: an emerging treatment modality for cancer.* Nature Reviews. Drug Discovery, 2008. **7**(9): p. 771-782.
34. Haag, R. and F. Kratz, *Polymer Therapeutics: Concepts and Applications.* Angewandte Chemie International Edition, 2006. **45**(8): p. 1198-1215.
35. Allen, T.M. and P.R. Cullis, *Liposomal drug delivery systems: From concept to clinical applications.* Advanced Drug Delivery Reviews, 2013. **65**(1): p. 36-48.
36. Reza Mozafari, M., et al., *Nanoliposomes and Their Applications in Food Nanotechnology.* Journal of Liposome Research, 2008. **18**(4): p. 309-327.
37. Zhang, L., et al., *Nanoparticles in Medicine: Therapeutic Applications and Developments.* Clinical Pharmacology & Therapeutics, 2007. **83**(5): p. 761-769.
38. Venditto, V.J. and F.C. Szoka Jr., *Cancer nanomedicines: So many papers and so few drugs!* Advanced Drug Delivery Reviews, 2013. **65**(1): p. 80-88.
39. Torchilin, V.P., *Multifunctional nanocarriers.* Advanced Drug Delivery Reviews, 2012. **64, Supplement**(0): p. 302-315.
40. Immordino, M.L., F. Dosio, and L. Cattel, *Stealth liposomes: review of the basic science, rationale, and clinical applications, existing and potential.* International Journal of Nanomedicine, 2006. **1**(3): p. 297-315.
41. Wijagkanalan, W., S. Kawakami, and M. Hashida, *Designing Dendrimers for Drug Delivery and Imaging: Pharmacokinetic Considerations.* Pharmaceutical Research, 2011. **28**(7): p. 1500-1519.
42. Banerjee, R., et al., *Nanomedicine: Magnetic Nanoparticles and their Biomedical Applications.* Current Medicinal Chemistry, 2010. **17**(27): p. 3120-3141.
43. Kim, S., et al., *Overcoming the barriers in micellar drug delivery: loading efficiency, in vivo stability, and micelle-cell interaction.* Expert Opinion on Drug Delivery, 2010. **7**(1): p. 49-62.

44. Fox, M.E., F.C. Szoka, and J.M.J. Frechet, *Soluble Polymer Carriers for the Treatment of Cancer: The Importance of Molecular Architecture.* Accounts of Chemical Research, 2009. **42**(8): p. 1141-1151.
45. Bae, Y.H. and K. Park, *Targeted drug delivery to tumors: Myths, reality and possibility.* Journal of Controlled Release, 2011. **153**(3): p. 198-205.
46. Aryal, S., et al., *Biodegradable and biocompatible multi-arm star amphiphilic block copolymer as a carrier for hydrophobic drug delivery.* International Journal of Biological Macromolecules, 2009. **44**(4): p. 346-352.
47. Oh, J.K., et al., *The development of microgels/nanogels for drug delivery applications.* Progress in Polymer Science, 2008. **33**(4): p. 448-477.
48. Dickerson, E., et al., *Chemosensitization of cancer cells by siRNA using targeted nanogel delivery.* BMC Cancer, 2010. **10**(1): p. 10.
49. Lee, E.S., et al., *A Virus-Mimetic Nanogel Vehicle.* Angewandte Chemie International Edition, 2008. **47**(13): p. 2418-2421.
50. Fréchet, J.M.J. and D.A. Tomalia, *Dendrimers and other dendritic polymers.* Wiley series in polymer science. 2001, Chichester ; New York: Wiley. xxxix, 647 p.
51. Cheng, Y., ed. *Dendrimer-Based Drug Delivery Systems: From Theory to Practice.* Wiley series in drug discovery and development. 2012, John Wiley & Sons. 152 p.
52. Campagna, S., P. Ceroni, and F. Puntoriero, *Designing dendrimers.* 2012: Hoboken, NJ : Wiley. 581 p.
53. Feynman, R.P. *Plenty of Room at the Bottom. December 1959. Version électronique sur http://www.its.caltech.edu/~feynman/plenty.html (consulté en Octobre 2012)*
54. Couvreur, P., et al., *Nanocapsules a new type of lysosomotropic carrier.* FEBS Lett., 1977. **84**: p. 323-326.
55. Ostiguy, C., et al., *Études et recherches de IRSST (Montréal, Québec). Rapport R-646. Les nanoparticules de synthèse: Connaissances actuelles sur les risques et les mesures de prévention en SST. 2e édition.* 2010. 159 p.

56. Ostiguy, C., et al., *Études et recherches de IRSST (Montréal, Québec). Rapport R-455. Les nanoparticules: Connaissances actuelles sur les risques et les mesures de prévention en santé et en sécurité du travail*. 2006. 90 p.
57. Tomalia, D.A., J.B. Christensen, and U. Boas, *Dendrimers, dendrons, and dendritic polymers : discovery, applications, and the future*. 2012, Cambridge: Cambridge University Press. 420 p.
58. Deloncle, R., *Dendrimères phosphorés à motifs azobenzène: vers des nanomatériaux photoadaptifs* in *UFR Physique Chimie Automatique*. 2007, Université Toulouse III - Paul Sabatier: Toulouse. 214 p.
59. Luman, N.R., T. Kim, and M.W. Grinstaff, *Dendritic polymers composed of glycerol and succinic acid: Synthetic methodologies and medical applications*. Pure and Applied Chemistry, 2004. **76**(7-8): p. 1375-1385.
60. Darbre, T. and J.-L. Reymond, *Glycopeptide Dendrimers for Biomedical Applications*. Current Topics in Medicinal Chemistry, 2008. **8**(14): p. 1286-1293.
61. Tomalia, D.A., et al., *A New Class of Polymers: Starburst-Dendritic Macromolecules*. Polymer Journal, 1985. **17**(1): p. 117-132.
62. Majoral, J.-P. and A.-M. Caminade, *Dendrimers Containing Heteroatoms (Si, P, B, Ge, or Bi)*. Chemical Reviews, 1999. **99**(3): p. 845-880.
63. Qin, T., et al., *Core, Shell, and Surface-Optimized Dendrimers for Blue Light-Emitting Diodes*. Journal of the American Chemical Society, 2011. **133**(5): p. 1301-1303.
64. Grayson, S.M. and J.M.J. Fréchet, *Convergent Dendrons and Dendrimers: from Synthesis to Applications*. Chemical Reviews, 2001. **101**(12): p. 3819-3868.
65. Tomalia, D.A., *Birth of a new macromolecular architecture: dendrimers as quantized building blocks for nanoscale synthetic polymer chemistry*. Progress in Polymer Science, 2005. **30**(3-4): p. 294-324.
66. Buhleier, E., W. Wehner, and F. Vogtle, *Cascade and nonskid-chain-like synthesis of molecular cavity topologies*. Synthesis, 1978. **2**: p. 155-158.

67. Denkewalter, R., J. Kolc, and W.J. Lukasavage, *Macromolecular highly branched homogeneous compound based on lysine units*. 1981: Patent US19790027622.
68. Denkewalter, R., J. Kolc, and W.J. Lukasavage, *Preparation of lysine based macromolecular highly branched homogeneous compound*. 1982: Patent US4360646.
69. Denkewalter, R., J. Kolc, and W.J. Lukasavage, *Macromolecular highly branched homogeneous compound*. 1983: Patent US19810329780.
70. Newkome, G.R., et al., *Micelles. Part 1. Cascade molecules: a new approach to micelles. A [27]-arborol*. The Journal of Organic Chemistry, 1985. **50**(11): p. 2003-2004.
71. Malda, H., *Designing dendrimers for use in biomedical applications*. 2006, Eindhoven University of Technology: Eindhoven. 148 p.
72. Gingras, M., et al., *Star-Shaped Nanomolecules Based on p-Phenylene Sulfide Asterisks with a Persulfurated Coronene Core*. Chemistry – A European Journal, 2004. **10**(12): p. 2895-2904.
73. Sleiman, M., et al., *Glycosylated asterisks are among the most potent low valency inducers of Concanavalin A aggregation*. Chemical Communications, 2008(48): p. 6507-6509.
74. Klajnert, B. and M. Bryszewska, *Dendrimers: properties and applications*. Acta biochimica Polonica, 2001. **48**(1): p. 199-208.
75. Moore, J.S., *Shape-Persistent Molecular Architectures of Nanoscale Dimension*. Accounts of Chemical Research, 1997. **30**(10): p. 402-413.
76. Duncan, R. and M.J. Vicent, *Polymer therapeutics-prospects for 21st century: The end of the beginning*. Advanced Drug Delivery Reviews, 2013. **65**(1): 60-70.
77. Gingras, M., *Degradable Dendrimers. Synthesis and Usefulness in Drug Delivery*. November 15th 2012, Univesity of Montreal: Montréal, Qc, Canada.
78. Pérez, J., L. Bax, and C. Escolano, *Roadmap Report on Dendrimers. NanoRoadMap Project*. November 2005, Willems & van den Wildenberg

(W&W): Barcelona, Spain (version électronique est présentée sur http://www.phantomsnet.net/files/; consultée en décembre 2012).

79. Hawker, C.J. and K.L. Wooley, *The Convergence of Synthetic Organic and Polymer Chemistries.* Science, 2005. **309**(5738): p. 1200-1205.

80. de Gennes, P.G. and H. Hervet, *Statistics of « starburst » polymers.* Journal de Physique. Letters, 1983. **44**(9): p. 351-360.

81. Hawker, C. and J.M.J. Frechet, *A new convergent approach to monodisperse dendritic macromolecules.* Journal of the Chemical Society, Chemical Communications, 1990(15): p. 1010-1013.

82. Hawker, C.J. and J.M.J. Frechet, *Preparation of polymers with controlled molecular architecture. A new convergent approach to dendritic macromolecules.* Journal of the American Chemical Society, 1990. **112**(21): p. 7638-7647.

83. Ihre, H., et al., *Double-Stage Convergent Approach for the Synthesis of Functionalized Dendritic Aliphatic Polyesters Based on 2,2-Bis(hydroxymethyl)propionic Acid.* Macromolecules, 1998. **31**(13): p. 4061-4068.

84. Dhanikula, R.S. and P. Hildgen, *Synthesis and evaluation of novel dendrimers with a hydrophilic interior as nanocarriers for drug delivery.* Bioconjugate Chemistry, 2006. **17**(1): p. 29-41.

85. Lin, Q., G. Jiang, and K. Tong, *Dendrimers in Drug-Delivery Applications.* Designed Monomers and Polymers, 2010. **13**(4): p. 301-324.

86. Soliman, G.M., et al., *Dendrimers and miktoarm polymers based multivalent nanocarriers for efficient and targeted drug delivery.* Chemical Communications, 2011. **47**(34): p. 9572-9587.

87. Nanjwade, B.K., et al., *Dendrimers: Emerging polymers for drug-delivery systems.* European Journal of Pharmaceutical Sciences, 2009. **38**(3): p. 185-196.

88. Gillies, E.R. and J.M.J. Frechet, *Dendrimers and dendritic polymers in drug delivery.* Drug Discovery Today, 2005. **10**(1): p. 35-43.

89. Boas, U. and P.M.H. Heegaard, *Dendrimers in drug research.* Chemical Society Reviews, 2004. **33**(1): p. 43-63.
90. Menjoge, A.R., R.M. Kannan, and D.A. Tomalia, *Dendrimer-based drug and imaging conjugates: design considerations for nanomedical applications.* Drug Discovery Today, 2010. **15**(5-6): p. 171-185.
91. Lee, C.C., et al., *Designing dendrimers for biological applications.* Nature Biotechnology, 2005. **23**(12): p. 1517-1526.
92. Dykes, G.M., *Dendrimers: a review of their appeal and applications.* Journal of Chemical Technology & Biotechnology, 2001. **76**(9): p. 903-918.
93. Sahoo, S.K. and V. Labhasetwar, *Nanotech approaches to drug delivery and imaging.* Drug Discovery Today, 2003. **8**(24): p. 1112-1120.
94. *World Health Organization, fact sheet. 2010. Available from the URL http://www.who.int/cancer/en/.*
95. Portney, N. and M. Ozkan, *Nano-oncology: drug delivery, imaging, and sensing.* Analytical and Bioanalytical Chemistry, 2006. **384**(3): p. 620-630.
96. *Société canadienne du Cancer, www.cancer.ca (consulté en décembre 2012)*
97. Kaminskas, L.M., et al., *Association of Chemotherapeutic Drugs with Dendrimer Nanocarriers: An Assessment of the Merits of Covalent Conjugation Compared to Noncovalent Encapsulation.* Molecular Pharmaceutics, 2012. **9**(3): p. 355-373.
98. Moertel, C.G., et al., *Phase II study of camptothecin (NSC-100880) in the treatment of advanced gastrointestinal cancer.* Cancer Chemotherapy Reports, 1972. **56**(1): p. 95-101.
99. Muggia, F.M., et al., *Phase I clinical trial of weekly and daily treatment with camptothecin (NSC-100880): correlation with preclinical studies.* Cancer Chemother Rep. , 1972. **56**(4): p. 515-521.
100. Armstrong, D.K., *Topotecan Dosing Guidelines in Ovarian Cancer: Reduction and Management of Hematologic Toxicity.* The Oncologist, 2004. **9**(1): p. 33-42.

101. Hecht, J.R., *Gastrointestinal toxicity or irinotecan.* Oncology (Williston Park), 1998. **12**(8 Suppl 6): p. 72-78.
102. Arun, R., K.C.K. Ashok, and V.V.N.S.S. Sravanthi, *Cyclodextrins as Drug Carrier Molecule: A Review.* Scientia Pharmaceutica, 2008. **76**: p. 567-598.
103. Gradishar, W.J., et al., *Phase III Trial of Nanoparticle Albumin-Bound Paclitaxel Compared With Polyethylated Castor Oil-Based Paclitaxel in Women With Breast Cancer.* Journal of Clinical Oncology, 2005. **23**(31): p. 7794-7803.
104. Milhem, O.M., et al., *Polyamidoamine Starburst dendrimers as solubility enhancers.* International Journal of Pharmaceutics, 2000. **197**(1-2): p. 239-41.
105. Dhanikula, R.S. and P. Hildgen, *Influence of molecular architecture of polyether-co-polyester dendrimers on the encapsulation and release of methotrexate.* Biomaterials, 2007. **28**(20): p. 3140-52.
106. Dhanikula, R.S., et al., *Methotrexate loaded polyether-copolyester dendrimers for the treatment of gliomas: enhanced efficacy and intratumoral transport capability.* Molecular Pharmaceutics, 2008. **5**(1): p. 105-16.
107. Jiang, Y.-Y., et al., *PEGylated PAMAM dendrimers as a potential drug delivery carrier: in vitro and in vivo comparative evaluation of covalently conjugated drug and noncovalent drug inclusion complex.* Journal of Drug Targeting, 2010. **18**(5): p. 389-403.
108. Patri, A.K., J.F. Kukowska-Latallo, and J.R. Baker Jr, *Targeted drug delivery with dendrimers: Comparison of the release kinetics of covalently conjugated drug and non-covalent drug inclusion complex.* Advanced Drug Delivery Reviews, 2005. **57**(15): p. 2203-2214.
109. Quintana, A., et al., *Design and Function of a Dendrimer-Based Therapeutic Nanodevice Targeted to Tumor Cells Through the Folate Receptor.* Pharmaceutical Research, 2002. **19**(9): p. 1310-1316.
110. Kukowska-Latallo, J.F., et al., *Nanoparticle Targeting of Anticancer Drug Improves Therapeutic Response in Animal Model of Human Epithelial Cancer.* Cancer Research, 2005. **65**(12): p. 5317-5324.

111. Majoros, I.J., et al., *PAMAM Dendrimer-Based Multifunctional Conjugate for Cancer Therapy: Synthesis, Characterization, and Functionality.* Biomacromolecules, 2006. **7**(2): p. 572-579.

112. Thomas, T.P., et al., *Targeting and Inhibition of Cell Growth by an Engineered Dendritic Nanodevice.* Journal of Medicinal Chemistry, 2005. **48**(11): p. 3729-3735.

113. Kaminskas, L.M., et al., *Capping Methotrexate alpha-Carboxyl Groups Enhances Systemic Exposure and Retains the Cytotoxicity of Drug Conjugated PEGylated Polylysine Dendrimers.* Molecular Pharmaceutics, 2011. **8**(2): p. 338-349.

114. Myc, A., et al., *Preclinical antitumor efficacy evaluation of dendrimer-based methotrexate conjugates.* Anti-Cancer Drugs, 2008. **19**(2): p. 143-149.

115. Kaminskas, L.M., et al., *Pharmacokinetics and Tumor Disposition of PEGylated, Methotrexate Conjugated Poly-l-lysine Dendrimers.* Molecular Pharmaceutics, 2009. **6**(4): p. 1190-1204.

116. Gurdag, S., et al., *Activity of Dendrimer-Methotrexate Conjugates on Methotrexate-Sensitive and -Resistant Cell Lines.* Bioconjugate Chemistry, 2006. **17**(2): p. 275-283.

117. Ke, W., et al., *Enhanced oral bioavailability of doxorubicin in a dendrimer drug delivery system.* Journal of Pharmaceutical Sciences, 2008. **97**(6): p. 2208-2216.

118. Agarwal, A., et al., *Dextran conjugated dendritic nanoconstructs as potential vectors for anti-cancer agent.* Biomaterials, 2009. **30**(21): p. 3588-3596.

119. Gupta, U., et al., *Ligand anchored dendrimers based nanoconstructs for effective targeting to cancer cells.* International Journal of Pharmaceutics, 2010. **393**(1-2): p. 186-197.

120. Han, L., et al., *Plasmid pORF-hTRAIL and doxorubicin co-delivery targeting to tumor using peptide-conjugated polyamidoamine dendrimer.* Biomaterials, 2011. **32**(4): p. 1242-1252.

121. Lai, P.-S., et al., *Doxorubicin delivery by polyamidoamine dendrimer conjugation and photochemical internalization for cancer therapy.* Journal of Controlled Release, 2007. **122**(1): p. 39-46.
122. Zhang, L., et al., *RGD-modified PEG-PAMAM-DOX conjugates: In vitro and in vivo studies for glioma.* European Journal of Pharmaceutics and Biopharmaceutics, 2011. **79**(2): p. 232-240.
123. Padilla De Jesus, O.L., et al., *Polyester Dendritic Systems for Drug Delivery Applications: In Vitro and In Vivo Evaluation.* Bioconjugate Chemistry, 2002. **13**(3): p. 453-461.
124. Lee, C.C., et al., *An Intramolecular Cyclization Reaction Is Responsible for the in Vivo Inefficacy and Apparent pH Insensitive Hydrolysis Kinetics of Hydrazone Carboxylate Derivatives of Doxorubicin.* Bioconjugate Chemistry, 2006. **17**(5): p. 1364-1368.
125. Lee, C.C., et al., *A single dose of doxorubicin-functionalized bow-tie dendrimer cures mice bearing C-26 colon carcinomas.* Proceedings of the National Academy of Sciences, 2006. **103**(45): p. 16649-16654.
126. Yuan, H., et al., *A Novel Poly(l-glutamic acid) Dendrimer Based Drug Delivery System with Both pH-Sensitive and Targeting Functions.* Molecular Pharmaceutics, 2010. **7**(4): p. 953-962.
127. Kaminskas, L.M., et al., *Characterisation and tumour targeting of PEGylated polylysine dendrimers bearing doxorubicin via a pH labile linker.* Journal of Controlled Release, 2011. **152**(2): p. 241-248.
128. Zhu, S., et al., *Partly PEGylated polyamidoamine dendrimer for tumor-selective targeting of doxorubicin: The effects of PEGylation degree and drug conjugation style.* Biomaterials, 2010. **31**(6): p. 1360-1371.
129. Zhu, S., et al., *PEGylated PAMAM Dendrimer-Doxorubicin Conjugates: In Vitro Evaluation and In Vivo Tumor Accumulation.* Pharmaceutical Research, 2010. **27**(1): p. 161-174.

130. van der Poll, D.G., et al., *Design, Synthesis, and Biological Evaluation of a Robust, Biodegradable Dendrimer.* Bioconjugate Chemistry, 2010. **21**(4): p. 764-773.

131. Ihre, H.R., et al., *Polyester Dendritic Systems for Drug Delivery Applications: Design, Synthesis, and Characterization.* Bioconjugate Chemistry, 2002. **13**(3): p. 443-452.

132. Calderon, M., et al., *Development of enzymatically cleavable prodrugs derived from dendritic polyglycerol.* Bioorganic & Medicinal Chemistry Letters, 2009. **19**(14): p. 3725-3728.

133. Kono, K., et al., *Preparation and cytotoxic activity of poly(ethylene glycol)-modified poly(amidoamine) dendrimers bearing adriamycin.* Biomaterials, 2008. **29**(11): p. 1664-1675.

134. Ooya, T., J. Lee, and K. Park, *Hydrotropic Dendrimers of Generations 4 and 5: Synthesis, Characterization, and Hydrotropic Solubilization of Paclitaxel.* Bioconjugate Chemistry, 2004. **15**(6): p. 1221-1229.

135. Ooya, T., J. Lee, and K. Park, *Effects of ethylene glycol-based graft, star-shaped, and dendritic polymers on solubilization and controlled release of paclitaxel.* Journal of Controlled Release, 2003. **93**(2): p. 121-127.

136. Bansal, K.K., et al., *Development and Characterization of Triazine Based Dendrimers for Delivery of Antitumor Agent.* Journal of Nanoscience and Nanotechnology, 2010. **10**(12): p. 8395-8404.

137. Khandare, J.J., et al., *Dendrimer Versus Linear Conjugate: Influence of Polymeric Architecture on the Delivery and Anticancer Effect of Paclitaxel.* Bioconjugate Chemistry, 2006. **17**(6): p. 1464-1472.

138. Lim, J., et al., *Design, Synthesis, Characterization, and Biological Evaluation of Triazine Dendrimers Bearing Paclitaxel Using Ester and Ester/Disulfide Linkages.* Bioconjugate Chemistry, 2009. **20**(11): p. 2154-2161.

139. Lo, S.-T., et al., *Biological Assessment of Triazine Dendrimer: Toxicological Profiles, Solution Behavior, Biodistribution, Drug Release and Efficacy in a*

PEGylated, Paclitaxel Construct. Molecular Pharmaceutics, 2010. **7**(4): p. 993-1006.

140. Lim, J. and E.E. Simanek, *Synthesis of Water-Soluble Dendrimers Based on Melamine Bearing 16 Paclitaxel Groups.* Organic Letters, 2007. **10**(2): p. 201-204.

141. Singh, P., et al., *Folate and Folate-PEG-PAMAM Dendrimers: Synthesis, Characterization, and Targeted Anticancer Drug Delivery Potential in Tumor Bearing Mice.* Bioconjugate Chemistry, 2008. **19**(11): p. 2239-2252.

142. Venuganti, V.V.K. and O.P. Perumal, *Poly(amidoamine) dendrimers as skin penetration enhancers: Influence of charge, generation, and concentration.* Journal of Pharmaceutical Sciences, 2009. **98**(7): p. 2345-2356.

143. Ren, Y., et al., *Co-delivery of as-miR-21 and 5-FU by Poly(amidoamine) Dendrimer Attenuates Human Glioma Cell Growth in Vitro.* Journal of Biomaterials Science, Polymer Edition, 2010. **21**(3): p. 303-314.

144. Bhadra, D., et al., *A PEGylated dendritic nanoparticulate carrier of fluorouracil.* International Journal of Pharmaceutics, 2003. **257**(1-2): p. 111-124.

145. Zhuo, R.X., B. Du, and Z.R. Lu, *In vitro release of 5-fluorouracil with cyclic core dendritic polymer.* Journal of Controlled Release, 1999. **57**(3): p. 249-257.

146. Cheng, Y., M. Li, and T. Xu, *Potential of poly(amidoamine) dendrimers as drug carriers of camptothecin based on encapsulation studies.* European Journal of Medicinal Chemistry, 2008. **43**(8): p. 1791-1795.

147. Fox, M.E., et al., *Synthesis and In Vivo Antitumor Efficacy of PEGylated Poly(l-lysine) Dendrimer-Camptothecin Conjugates.* Molecular Pharmaceutics, 2009. **6**(5): p. 1562-1572.

148. Gopin, A., et al., *Enzymatic Activation of Second-Generation Dendritic Prodrugs: Conjugation of Self-Immolative Dendrimers with Poly(ethylene glycol) via Click Chemistry.* Bioconjugate Chemistry, 2006. **17**(6): p. 1432-1440.

149. Shamis, M., H.N. Lode, and D. Shabat, *Bioactivation of Self-Immolative Dendritic Prodrugs by Catalytic Antibody 38C2.* Journal of the American Chemical Society, 2004. **126**(6): p. 1726-1731.
150. Vijayalakshmi, N., et al., *Carboxyl-Terminated PAMAM-SN38 Conjugates: Synthesis, Characterization, and in Vitro Evaluation.* Bioconjugate Chemistry, 2010. **21**(10): p. 1804-1810.
151. Thiagarajan, G., et al., *PAMAM-Camptothecin Conjugate Inhibits Proliferation and Induces Nuclear Fragmentation in Colorectal Carcinoma Cells.* Pharmaceutical Research, 2010. **27**(11): p. 2307-2316.
152. Lai, P.-S., et al., *Enhanced cytotoxicity of saporin by polyamidoamine dendrimer conjugation and photochemical internalization.* Journal of Biomedical Materials Research Part A, 2008. **87A**(1): p. 147-155.
153. Hui, H., F. Xiao-dong, and C. Zhong-lin, *Thermo- and pH-sensitive dendrimer derivatives with a shell of poly(N,N-dimethylaminoethyl methacrylate) and study of their controlled drug release behavior.* Polymer, 2005. **46**(22): p. 9514-9522.
154. Neerman, M.F., et al., *Reduction of Drug Toxicity Using Dendrimers Based on Melamine.* Molecular Pharmaceutics, 2004. **1**(5): p. 390-393.
155. Malik, N., E.G. Evagorou, and R. Duncan, *Dendrimer-platinate: a novel approach to cancer chemotherapy. [Miscellaneous].* Anti-Cancer Drugs, 1999. **10**(8): p. 767-776.
156. Bellis, E., et al., *Three generations of alpha,hamma-diaminobutyric acid modified poly(propyleneimine) dendrimers and their cisplatin-type platinum complexes.* Journal of Biochemical and Biophysical Methods, 2006. **69**(1-2): p. 151-161.
157. Haririan, I., et al., *Anionic linear-globular dendrimer-cis-platinum (II) conjugates promote cytotoxicity in vitro against different cancer cell lines.* International Journal of Nanomedicine 2010. **5** p. 63-75.

158. Barth, R.F., et al., *Boronated starburst dendrimer-monoclonal antibody immunoconjugates: Evaluation as a potential delivery system for neutron capture therapy.* Bioconjugate Chemistry, 1994. **5**(1): p. 58-66.
159. Capala, J., et al., *Boronated Epidermal Growth Factor as a Potential Targeting Agent for Boron Neutron Capture Therapy of Brain Tumors.* Bioconjugate Chemistry, 1996. **7**(1): p. 7-15.
160. Yang, W., et al., *Boron neutron capture therapy of EGFR or EGFRvIII positive gliomas using either boronated monoclonal antibodies or epidermal growth factor as molecular targeting agents.* Applied Radiation and Isotopes, 2009. **67**(7-8Suppl): p. S328-331.
161. Morgan, M.T., et al., *Dendrimer-Encapsulated Camptothecins: Increased Solubility, Cellular Uptake, and Cellular Retention Affords Enhanced Anticancer Activity In vitro.* Cancer Research, 2006. **66**(24): p. 11913-11921.
162. Tekade, R.K., et al., *Exploring dendrimer towards dual drug delivery: pH responsive simultaneous drug-release kinetics.* Journal of Microencapsulation, 2009. **26**(4): p. 287-296.
163. Waite, C.L. and C.M. Roth, *PAMAM-RGD Conjugates Enhance siRNA Delivery Through a Multicellular Spheroid Model of Malignant Glioma.* Bioconjugate Chemistry, 2009. **20**(10): p. 1908-1916.
164. Myc, A., et al., *Targeting the efficacy of a dendrimer-based nanotherapeutic in heterogeneous xenograft tumors in vivo.* Anti-Cancer Drugs Volume, 2010. **21**(2): p. 186-192.
165. He, H., et al., *PEGylated Poly(amidoamine) dendrimer-based dual-targeting carrier for treating brain tumors.* Biomaterials, 2011. **32**(2): p. 478-487.
166. Tekade, R.K., et al., *Surface-engineered dendrimers for dual drug delivery: A receptor up-regulation and enhanced cancer targeting strategy.* Journal of Drug Targeting, 2008. **16**(10): p. 758-772.
167. Kim, Y., et al., *PEGylated Dendritic Unimolecular Micelles as Versatile Carriers for Ligands of G Protein-Coupled Receptors.* Bioconjugate Chemistry, 2009. **20**(10): p. 1888-1898.

168. Chau, Y., et al., *Investigation of targeting mechanism of new dextran-peptide-methotrexate conjugates using biodistribution study in matrix-metalloproteinase-overexpressing tumor xenograft model.* Journal of Pharmaceutical Sciences, 2006. **95**(3): p. 542-551.
169. Chau, Y., et al., *Antitumor efficacy of a novel polymer–peptide–drug conjugate in human tumor xenograft models.* International Journal of Cancer, 2006. **118**(6): p. 1519-1526.
170. Venditto, V.J. and F.C. Szoka Jr., *Cancer nanomedicines: So many papers and so few drugs!* Advanced Drug Delivery Reviews, 2013. **65**(1): p. 80-88.
171. Ki Choi, S., et al., *Light-controlled release of caged doxorubicin from folate receptor-targeting PAMAM dendrimer nanoconjugate.* Chemical Communications, 2010. **46**(15): p. 2632-2634.
172. Couvreur, P., *Nanoparticles in drug delivery: Past, present and future.* Advanced Drug Delivery Reviews, 2013. **65**(1): p. 21-23.
173. Zeng, X., et al., *Hyperbranched copolymer micelles as delivery vehicles of doxorubicin in breast cancer cells.* Journal of Polymer Science Part A: Polymer Chemistry, 2012. **50**(2): p. 280-288.
174. Gingras, M., J.-M. Raimundo, and Y.M. Chabre, *Cleavable Dendrimers.* Angewandte Chemie International Edition, 2007. **46**(7): p. 1010-1017.
175. Jain, R.K. and T. Stylianopoulos, *Delivering nanomedicine to solid tumors.* Nature Reviews. Clinical Oncology, 2010. **7**(11): p. 653-664.
176. Peer, D., et al., *Nanocarriers as an emerging platform for cancer therapy.* Nature Nanotechnology, 2007. **2**(12): p. 751-760.
177. Maeda, H., et al., *Tumor vascular permeability and the EPR effect in macromolecular therapeutics: a review.* Journal of Controlled Release, 2000. **65**(1-2): p. 271-284.
178. Brannon-Peppas, L. and J.O. Blanchette, *Nanoparticle and targeted systems for cancer therapy.* Advanced Drug Delivery Reviews, 2004. **56**(11): p. 1649-1659.

179. Maeda, H., et al., *Conjugation of poly(styrene-co-maleic acid) derivatives to the antitumor protein neocarzinostatin: pronounced improvements in pharmacological properties.* Journal of Medicinal Chemistry, 1985. **28**(4): p. 455-461.
180. Matsumura, Y. and H. Maeda, *A New Concept for Macromolecular Therapeutics in Cancer Chemotherapy: Mechanism of Tumoritropic Accumulation of Proteins and the Antitumor Agent Smancs.* Cancer Research, 1986. **46**(12 Part 1): p. 6387-6392.
181. Yamashita, F. and M. Hashida, *Pharmacokinetic considerations for targeted drug delivery.* Advanced Drug Delivery Reviews, 2013. **65**(1): p. 139-147.
182. Rippe, B., et al., *Transendothelial Transport: The Vesicle Controversy.* Journal of Vascular Research, 2002. **39**(5): p. 375-390.
183. Ballet, F., *Hepatic circulation: Potential for therapeutic intervention.* Pharmacology & Therapeutics, 1990. **47**(2): p. 281-328.
184. Hobbs, S.K., et al., *Regulation of transport pathways in tumor vessels: Role of tumor type and microenvironment.* Proceedings of the National Academy of Sciences, 1998. **95**(8): p. 4607-4612.
185. Reul, R., et al., *Nanoparticles for paclitaxel delivery: A comparative study of different types of dendritic polyesters and their degradation behavior.* International Journal of Pharmaceutics, 2011. **407**(1-2): p. 190-196.
186. Tripathi, P.K., et al., *Dendrimer grafts for delivery of 5-fluorouracil.* Die Pharmazie, 2002. **57**(4): p. 261-264.
187. Chooi, K.W., et al., *The Molecular Shape of Poly(propylenimine) Dendrimer Amphiphiles Has a Profound Effect on Their Self Assembly.* Langmuir, 2009. **26**(4): p. 2301-2316.
188. Percec, V., et al., *Self-Assembly of Janus Dendrimers into Uniform Dendrimersomes and Other Complex Architectures.* Science, 2010. **328**(5981): p. 1009-1014.

189. Kim, T.-I., et al., *PAMAM-PEG-PAMAM: Novel Triblock Copolymer as a Biocompatible and Efficient Gene Delivery Carrier*. Biomacromolecules, 2004. **5**(6): p. 2487-2492.

190. Choi, J.S., et al., *Poly(ethylene glycol)-block-poly(l-lysine) Dendrimer: Novel Linear Polymer/Dendrimer Block Copolymer Forming a Spherical Water-Soluble Polyionic Complex with DNA*. Bioconjugate Chemistry, 1998. **10**(1): p. 62-65.

191. Fréchet, J.M.J., et al., *Modification of Surfaces and Interfaces by Non-covalent Assembly of Hybrid Linear-Dendritic Block Copolymers: Poly(benzyl ether) Dendrons as Anchors for Poly(ethylene glycol) Chains on Cellulose or Polyester*. Chemistry of Materials, 1999. **11**(5): p. 1267-1274.

192. Doane, T. and C. Burda, *Nanoparticle mediated non-covalent drug delivery*. Advanced Drug Delivery Reviews, 2013. **65**(5): p. 607-621.

193. Juliano, R., G. Poste, and E. Tomlinson, *Perspective from the founding editors*. Advanced Drug Delivery Reviews, 2013. **65**(1): p. 3-4.

194. Crommelin, D.J.A. and A.T. Florence, *Towards more effective advanced drug delivery systems*. International Journal of Pharmaceutics, 2013. **454**(1): p. 496-511.

195. Prajapati, R.N., et al., *Dendimer-Mediated Solubilization, Formulation Development and in Vitro-in Vivo Assessment of Piroxicam*. Molecular Pharmaceutics, 2009. **6**(3): p. 940-950.

196. Chauhan, A.S., et al., *Solubility Enhancement of Indomethacin with Poly(amidoamine) Dendrimers and Targeting to Inflammatory Regions of Arthritic Rats*. Journal of Drug Targeting, 2004. **12**(9-10): p. 575-583.

197. Chandrasekar, D., et al., *The development of folate-PAMAM dendrimer conjugates for targeted delivery of anti-arthritic drugs and their pharmacokinetics and biodistribution in arthritic rats*. Biomaterials, 2007. **28**(3): p. 504-512.

198. Gupta, U., H.B. Agashe, and N.K. Jain, *Polypropylene Imine Dendrimer Mediated Solubility Enhancement: Effect of pH and Functional Groups of*

Hydrophobes. J Pharm Pharmaceut Sci (www.cspscanada.org) 2007. **10**(3): p. 358-367.
199. Asthana, A., et al., *Poly(amidoamine) (PAMAM) dendritic nanostructures for controlled sitespecific delivery of acidic anti-inflammatory active ingredient.* AAPS PharmSciTech, 2005. **6**(3): p. E536-E542.
200. Na, M., et al., *Dendrimers as potential drug carriers. Part II. Prolonged delivery of ketoprofen by in vitro and in vivo studies.* European Journal of Medicinal Chemistry, 2006. **41**(5): p. 670-674.
201. Yiyun, C., et al., *Transdermal delivery of nonsteroidal anti-inflammatory drugs mediated by polyamidoamine (PAMAM) dendrimers.* Journal of Pharmaceutical Sciences, 2007. **96**(3): p. 595-602.
202. Naylor, A.M., et al., *Starburst dendrimers. 5. Molecular shape control.* Journal of the American Chemical Society, 1989. **111**(6): p. 2339-2341.
203. Hu, J., et al., *Host-Guest Chemistry and Physicochemical Properties of the Dendrimer-Mycophenolic Acid Complex.* The Journal of Physical Chemistry B, 2008. **113**(1): p. 64-74.
204. Dutta, T. and N.K. Jain, *Targeting potential and anti-HIV activity of lamivudine loaded mannosylated poly (propyleneimine) dendrimer.* Biochim Biophys Acta 2007. **1770**(4): p. 681-686.
205. Bai, S., C. Thomas, and F. Ahsan, *Dendrimers as a carrier for pulmonary delivery of enoxaparin, a low-molecular weight heparin.* Journal of Pharmaceutical Sciences, 2007. **96**(8): p. 2090-2106.
206. Vandamme, T.F. and L. Brobeck, *Poly(amidoamine) dendrimers as ophthalmic vehicles for ocular delivery of pilocarpine nitrate and tropicamide.* Journal of Controlled Release, 2005. **102**(1): p. 23-38.
207. Bhadra, D., S. Bhadra, and N.K. Jain, *PEGylated Peptide Dendrimeric Carriers for the Delivery of Antimalarial Drug Chloroquine Phosphate.* Pharmaceutical Research, 2006. **23**(3): p. 623-633.
208. Cheng, Y., et al., *External Electrostatic Interaction versus Internal Encapsulation between Cationic Dendrimers and Negatively Charged Drugs:*

Which Contributes More to Solubility Enhancement of the Drugs? The Journal of Physical Chemistry B, 2008. **112**(30): p. 8884-8890.
209. Ma, M., et al., *Evaluation of polyamidoamine (PAMAM) dendrimers as drug carriers of anti-bacterial drugs using sulfamethoxazole (SMZ) as a model drug.* European Journal of Medicinal Chemistry, 2007. **42**(1): p. 93-98.
210. Durairaj, C., et al., *Nanosized Dendritic Polyguanidilyated Translocators for Enhanced Solubility, Permeability, and Delivery of Gatifloxacin.* Investigative Ophthalmology & Visual Science, 2010. **51**(11): p. 5804-5816.
211. Devarakonda, B., R.A. Hill, and M.M. de Villiers, *The effect of PAMAM dendrimer generation size and surface functional group on the aqueous solubility of nifedipine.* International Journal of Pharmaceutics, 2004. **284**(1-2): p. 133-140.
212. Beezer, A.E., et al., *Dendrimers as potential drug carriers; encapsulation of acidic hydrophobes within water soluble PAMAM derivatives.* Tetrahedron, 2003. **59**(22): p. 3873-3880.
213. Yiyun, C. and X. Tongwen, *Solubility of nicotinic acid in polyamidoamine dendrimer solutions.* European Journal of Medicinal Chemistry, 2005. **40**(12): p. 1384-1389.
214. Maciejewski, M., *Concepts of trapping topologically by shell molecules.* Journal of Macromolecular Science. Chemistry, 1982. **A17**: p. 689-703.
215. D'Emanuele, A. and D. Attwood, *Dendrimer-drug interactions.* Advanced Drug Delivery Reviews, 2005. **57**(15): p. 2147-2162.
216. Cheng, Y. and T. Xu, *The effect of dendrimers on the pharmacodynamic and pharmacokinetic behaviors of non-covalently or covalently attached drugs.* European Journal of Medicinal Chemistry, 2008. **43**(11): p. 2291-2297.
217. Krämer, M., et al., *Dendritic Polyamines: Simple Access to New Materials with Defined Treelike Structures for Application in Nonviral Gene Delivery.* ChemBioChem, 2004. **5**(8): p. 1081-1087.

218. Jansen, J.F.G.A., E.M.M. de Brabander-van den Berg, and E.W. Meijer, *Encapsulation of Guest Molecules into a Dendritic Box.* Science, 1994. **266**(5188): p. 1226-1229.
219. Pan, G., et al., *Studies on PEGylated and Drug-Loaded PAMAM Dendrimers.* Journal of Bioactive and Compatible Polymers, 2005. **20**(1): p. 113-128.
220. Kojima, C., et al., *Synthesis of Polyamidoamine Dendrimers Having Poly(ethylene glycol) Grafts and Their Ability To Encapsulate Anticancer Drugs.* Bioconjugate Chemistry, 2000. **11**(6): p. 910-917.
221. Yang, H., J.J. Morris, and S.T. Lopina, *Polyethylene glycol-polyamidoamine dendritic micelle as solubility enhancer and the effect of the length of polyethylene glycol arms on the solubility of pyrene in water.* Journal of Colloid and Interface Science, 2004. **273**(1): p. 148-154.
222. Lee, H. and R.G. Larson, *Effects of PEGylation on the Size and Internal Structure of Dendrimers: Self-Penetration of Long PEG Chains into the Dendrimer Core.* Macromolecules, 2011. **44**(7): p. 2291-2298.
223. Dirksen, A. and L. De Cola, *Photo-induced processes in dendrimers.* Comptes Rendus Chimie, 2003. **6**(8-10): p. 873-882.
224. Azzelini, G.C., *Supramolecular effects in dendritic systems containing photoactive groups.* Anais da Academia Brasileira de Ciencias, 2000. **72**(1): p. 33-38.
225. Archut, A., et al., *Toward Photoswitchable Dendritic Hosts. Interaction between Azobenzene-Functionalized Dendrimers and Eosin.* Journal of the American Chemical Society, 1998. **120**(47): p. 12187-12191.
226. Puntoriero, F., et al., *Photoswitchable Dendritic Hosts: A Dendrimer with Peripheral Azobenzene Groups.* Journal of the American Chemical Society, 2007. **129**(35): p. 10714-10719.
227. Wiwattanapatapee, R., L. Lomlim, and K. Saramunee, *Dendrimers conjugates for colonic delivery of 5-aminosalicylic acid.* Journal of Controlled Release, 2003. **88**(1): p. 1-9.

228. Khopade, A.J., et al., *Effect of dendrimer on entrapment and release of bioactive from liposomes.* International Journal of Pharmaceutics, 2002. **232**(1-2): p. 157-162.
229. Twibanire, J.-d.A. and T.B. Grindley, *Polyester Dendrimers.* Polymers, 2012. **4**(1): p. 794-879.
230. Liu, M., K. Kono, and J.M.J. Fréchet, *Water-soluble dendritic unimolecular micelles: Their potential as drug delivery agents.* Journal of Controlled Release, 2000. **65**(1-2): p. 121-131.
231. Lee, H. and T. Ooya, *19F-NMR, 1H-NMR, and Fluorescence Studies of Interaction between 5-Fluorouracil and Polyglycerol Dendrimers.* The Journal of Physical Chemistry B, 2012. **116**(40): p. 12263-12267.
232. Namazi, H. and M. Adeli, *Dendrimers of citric acid and poly (ethylene glycol) as the new drug-delivery agents.* Biomaterials, 2005. **26**(10): p. 1175-1183.
233. Haririan, I., et al., *Anionic linear-globular dendrimer-cis-platinum (II) conjugates promote cytotoxicity in vitro against different cancer cell lines.* International Journal of Nanomedecine., 2010. **5**: p. 63-75
234. Dhanikula, R.S., T. Hammady, and P. Hildgen, *On the mechanism and dynamics of uptake and permeation of polyether-copolyester dendrimers across an in vitro blood-brain barrier model.* Journal of Pharmaceutical Sciences, 2009. **98**(10): p. 3748-60.
235. Malkoch, M., E. Malmström, and A. Hult, *Rapid and Efficient Synthesis of Aliphatic Ester Dendrons and Dendrimers.* Macromolecules, 2002. **35**(22): p. 8307-8314.
236. Gillies, E.R. and J.M.J. Fréchet, *Designing Macromolecules for Therapeutic Applications: Polyester DendrimerPoly(ethylene oxide) "Bow-Tie" Hybrids with Tunable Molecular Weight and Architecture.* Journal of the American Chemical Society, 2002. **124**(47): p. 14137-14146.
237. Hirayama, Y., et al., *Synthesis and Characterization of Polyester Dendrimers from Acetoacetate and Acrylate.* Organic Letters, 2005. **7**(4): p. 525-528.

238. Hirayama, Y., et al., *Synthesis of polyester dendrimers and dendrons starting from Michael reaction of acrylates with 3-hydroxyacetophenone.* Tetrahedron Letters, 2005. **46**(6): p. 1027-1030.
239. Chen, G., et al., *Efficient synthesis of dendrimers via a thiol-yne and esterification process and their potential application in the delivery of platinum anti-cancer drugs.* Chemical Communications, 2009. **0**(41): p. 6291-6293.
240. Bouillon, C., et al., *Synthesis of Poly(amino)ester Dendrimers via Active Cyanomethyl Ester Intermediates.* The Journal of Organic Chemistry, 2010. **75**(24): p. 8685-8688.
241. Ma, X., et al., *Facile Synthesis of Polyester Dendrimers as Drug Delivery Carriers.* Macromolecules, 2013. **46**(1): p. 37-42.
242. Giles, M.D., et al., *Dendronized Supramolecular Nanocapsules: pH Independent, Water-Soluble, Deep-Cavity Cavitands Assemble via the Hydrophobic Effect.* Journal of the American Chemical Society, 2008. **130**(44): p. 14430-14431.
243. www.polymerfactory.com *(consulté en février 2013).*
244. Zagar, E. and M. Zigon, *Characterization of a Commercial Hyperbranched Aliphatic Polyester Based on 2,2-Bis(methylol)propionic Acid.* Macromolecules, 2002. **35**(27): p. 9913-9925.
245. Zagar, E. and M. Zigon, *Aliphatic hyperbranched polyesters based on 2,2-bis(methylol)propionic acid: Determination of structure, solution and bulk properties.* Progress in Polymer Science, 2011. **36**(1): p. 53-88.
246. Domanska, U., K. Paduszynski, and Z. Zolek-Tryznowska, *Liquid-Liquid Phase Equilibria of Binary Systems Containing Hyperbranched Polymer B-U3000: Experimental Study and Modeling in Terms of Lattice Cluster Theory.* Journal of Chemical & Engineering Data, 2010. **55**(9): p. 3842-3846.
247. Tripathi, P.K., et al., *Dendrimer grafts for delivery of 5-fluorouracil.* Pharmazie, 2002. **57**(4): p. 261-264.

248. Klajnert, B., et al., *Interactions between PAMAM dendrimers and bovine serum albumin.* Biochimica et Biophysica Acta (BBA) - Proteins and Proteomics, 2003. **1648**(1-2): p. 115-126.

249. Shcharbin, D., et al., *Dendrimer Interactions with Hydrophobic Fluorescent Probes and Human Serum Albumin.* Journal of Fluorescence, 2005. **15**(1): p. 21-28.

250. Homsy, C.A., et al., *Rapid In Vitro Screening of Polymers for Biocompatibility.* Journal of Macromolecular Science: Part A - Chemistry, 1970. **4**(3): p. 615-634.

251. *http://en.wikipedia.org/wiki/Biocompatibility (consulté en janvier 2013).*

252. Williams, D.F., *On the mechanisms of biocompatibility.* Biomaterials, 2008. **29**(20): p. 2941-2953.

253. *Le Portail Terminologique de Santé (PTS) du Catalogue et Index des Sites Médicaux de langue Française (CISMeF), à base du CHU de Rouen (LITIS EA 4108, Université de Rouen, France; http://www.chu-rouen.fr); http://www.pts.chu-rouen.fr (consulté en février 2013).*

254. Duncan, R. and L. Izzo, *Dendrimer biocompatibility and toxicity.* Advanced Drug Delivery Reviews, 2005. **57**(15): p. 2215-2237.

255. Toyama, T., et al., *A case of toxic epidermal necrolysis-like dermatitis evolving from contact dermatitis of the hands associated with exposure to dendrimers.* Contact Dermatitis, 2008. **59**(2): p. 122-123.

256. Berry, C.C. and A.S.G. Curtis, *Functionalisation of magnetic nanoparticles for applications in biomedicine.* Journal of Physics. D, Applied Physics, 2003. **36**: p. R198-R206.

257. Berry, C.C., *Progress in functionalization of magnetic nanoparticles for applications in biomedicine.* Journal of Physics. D, Applied Physics, 2009. **42**(22): p. 221012-224003.

258. Roberts, J.C., M.K. Bhalgat, and R.T. Zera, *Preliminary biological evaluation of polyamidoamine (PAMAM) StarburstTM dendrimers.* Journal of Biomedical Materials Research, 1996. **30**(1): p. 53-65.

259. Malik, N., et al., *Dendrimers: relationship between structure and biocompatibility in vitro, and preliminary studies on the biodistribution of 125I-labelled polyamidoamine dendrimers in vivo.* Journal of controlled release : official journal of the Controlled Release Society, 2000. **65**(1-2): p. 133-148.
260. Okuda, T., et al., *Biodistribution characteristics of amino acid dendrimers and their PEGylated derivatives after intravenous administration.* Journal of Controlled Release, 2006. **114**(1): p. 69-77.
261. Neerman, M.F., et al., *In vitro and in vivo evaluation of a melamine dendrimer as a vehicle for drug delivery.* International Journal of Pharmaceutics, 2004. **281**(1-2): p. 129-132.
262. Boyd, B.J., et al., *Cationic Poly-l-lysine Dendrimers: Pharmacokinetics, Biodistribution, and Evidence for Metabolism and Bioresorption after Intravenous Administration to Rats.* Molecular Pharmaceutics, 2006. **3**(5): p. 614-627.
263. King Heiden, T.C., et al., *Developmental toxicity of low generation PAMAM dendrimers in zebrafish.* Toxicology and Applied Pharmacology, 2007. **225**(1): p. 70-79.
264. Kaminskas, L.M., et al., *Impact of Surface Derivatization of Poly-l-lysine Dendrimers with Anionic Arylsulfonate or Succinate Groups on Intravenous Pharmacokinetics and Disposition.* Molecular Pharmaceutics, 2007. **4**(6): p. 949-961.
265. Bourne, N., et al., *Dendrimers, a New Class of Candidate Topical Microbicides with Activity against Herpes Simplex Virus Infection.* Antimicrobial Agents and Chemotherapy, 2000. **44**(9): p. 2471-2474.
266. Gong, Y., et al., *Evidence of dual sites of action of dendrimers: SPL-2999 inhibits both virus entry and late stages of herpes simplex virus replication.* Antiviral Research, 2002. **55**(2): p. 319-329.
267. Witvrouw, M., et al., *Polyanionic (i.e., polysulfonate) dendrimers can inhibit the replication of human immunodeficiency virus by interfering with both virus*

adsorption and later steps (reverse transcriptase/integrase) in the virus replicative cycle. Mol Pharmacol., 2000. **58**(5): p. 1100-1108.
268. Patton, D.L., et al., *Preclinical Safety and Efficacy Assessments of Dendrimer-Based (SPL7013) Microbicide Gel Formulations in a Nonhuman Primate Model.* Antimicrobial Agents and Chemotherapy, 2006. **50**(5): p. 1696-1700.
269. Kaminskas, L.M., et al., *The Impact of Molecular Weight and PEG Chain Length on the Systemic Pharmacokinetics of PEGylated Poly l-Lysine Dendrimers.* Molecular Pharmaceutics, 2008. **5**(3): p. 449-463.
270. Gajbhiye, V., et al., *Pharmaceutical and Biomedical Potential of PEGylated Dendrimers.* Current Pharmaceutical Design, 2007. **13**(4): p. 415-429.
271. Chen, H.-T., et al., *Cytotoxicity, Hemolysis, and Acute in Vivo Toxicity of Dendrimers Based on Melamine, Candidate Vehicles for Drug Delivery.* Journal of the American Chemical Society, 2004. **126**(32): p. 10044-10048.
272. Guillaudeu, S.J., et al., *PEGylated Dendrimers with Core Functionality for Biological Applications.* Bioconjugate Chemistry, 2008. **19**(2): p. 461-469.
273. Kaminskas, L.M., et al., *PEGylation of polylysine dendrimers improves absorption and lymphatic targeting following SC administration in rats.* Journal of Controlled Release, 2009. **140**(2): p. 108-116.
274. Kaminskas, L.M., et al., *Partly-PEGylated Poly-L-lysine dendrimers have reduced plasma stability and circulation times compared with fully PEGylated dendrimers.* Journal of Pharmaceutical Sciences, 2009. **98**(10): p. 3871-3875.
275. Florence, A.T., T. Sakthivel, and I. Toth, *Oral uptake and translocation of a polylysine dendrimer with a lipid surface.* Journal of Controlled Release, 2000. **65**(1-2): p. 253-259.
276. Gillies, E.R., et al., *Biological Evaluation of Polyester Dendrimer: Poly(ethylene oxide) Bow-Tie Hybrids with Tunable Molecular Weight and Architecture.* Molecular Pharmaceutics, 2005. **2**(2): p. 129-138.
277. El-Sayed, M., et al., *Extravasation of Poly(amidoamine) (pamam) Dendrimers Across Microvascular Network Endothelium.* Pharmaceutical Research, 2001. **18**(1): p. 23-28.

278. Menjoge, A.R., et al., *Transfer of PAMAM dendrimers across human placenta: Prospects of its use as drug carrier during pregnancy.* Journal of Controlled Release, 2011. **150**(3): p. 326-338.
279. Wiwattanapatapee, R., et al., *Anionic PAMAM Dendrimers Rapidly Cross Adult Rat Intestine In Vitro: A Potential Oral Delivery System?* Pharmaceutical Research, 2000. **17**(8): p. 991-998.
280. Carnahan, M.A., et al., *Hybrid Dendritic-Linear Polyester-Ethers for in Situ Photopolymerization.* Journal of the American Chemical Society, 2002. **124**(19): p. 5291-5293.
281. Grinstaff, M.W., *Biodendrimers: New Polymeric Biomaterials for Tissue Engineering.* Chemistry – A European Journal, 2002. **8**(13): p. 2838-2846.
282. Kuo, J.-H.S., M.-S. Jan, and Y.-L. Lin, *Interactions between U-937 human macrophages and poly(propyleneimine) dendrimers.* Journal of Controlled Release, 2007. **120**(1-2): p. 51-59.
283. Hong, S., et al., *Interaction of Poly(amidoamine) Dendrimers with Supported Lipid Bilayers and Cells: Hole Formation and the Relation to Transport.* Bioconjugate Chemistry, 2004. **15**(4): p. 774-782.
284. Fischer, D., et al., *In vitro cytotoxicity testing of polycations: influence of polymer structure on cell viability and hemolysis.* Biomaterials, 2003. **24**(7): p. 1121-1131.
285. Jevprasesphant, R., et al., *The influence of surface modification on the cytotoxicity of PAMAM dendrimers.* International Journal of Pharmaceutics, 2003. **252**(1-2): p. 263-266.
286. Purohit, G., T. Sakthivel, and A.T. Florence, *Interaction of cationic partial dendrimers with charged and neutral liposomes.* International Journal of Pharmaceutics, 2001. **214**(1-2): p. 71-76.
287. Stasko, N.A., et al., *Cytotoxicity of Polypropylenimine Dendrimer Conjugates on Cultured Endothelial Cells.* Biomacromolecules, 2007. **8**(12): p. 3853-3859.

288. Haensler, J. and F.C. Szoka, *Polyamidoamine cascade polymers mediate efficient transfection of cells in culture.* Bioconjugate Chemistry, 1993. **4**(5): p. 372-379.
289. Chen, C.Z. and S.L. Cooper, *Interactions between dendrimer biocides and bacterial membranes.* Biomaterials, 2002. **23**(16): p. 3359-3368.
290. El-Sayed, M., et al., *Transepithelial transport of poly(amidoamine) dendrimers across Caco-2 cell monolayers.* Journal of Controlled Release, 2002. **81**(3): p. 355-365.
291. Yang, H. and W.J. Kao, *Synthesis and characterization of nanoscale dendritic RGD clusters for potential applications in tissue engineering and drug delivery.* International journal of nanomedicine, 2007. **2**(1): p. 89.
292. Lee, J.H., et al., *Polyplexes Assembled with Internally Quaternized PAMAM-OH Dendrimer and Plasmid DNA Have a Neutral Surface and Gene Delivery Potency.* Bioconjugate Chemistry, 2003. **14**(6): p. 1214-1221.
293. Goddard, P., et al., *Soluble Polymeric Carriers for Drug Delivery: Part 4. Tissue Autoradiography, and Whole-Body Tissue Distribution in Mice, of N-(2-Hydroxypropyl)Methacrylamide Copolymers Following Intravenous Administration.* Journal of Bioactive and Compatible Polymers, 1991. **6**(1): p. 4-24.
294. Lloyd, J.B., *Lysosome membrane permeability: implications for drug delivery.* Advanced Drug Delivery Reviews, 2000. **41**(2): p. 189-200.
295. Seebach, D., et al., *Synthese und enzymatischer Abbau von Dendrimeren aus (R)-3-Hydroxybuttersäure und Trimesinsäure.* Angewandte Chemie, 1996. **108**(23-24): p. 2969-2972.
296. Gingras, M. and M. Roy, *Degradable dendrimers for drug delivery*, in *Dendrimer-based drug delivery systems: From theory to practice*, C. Yiyun, Editor. 2012, John Wiley&Sons Inc.: Hoboken, NJ. p. 239-252.
297. Kurtoglu, Y.E., et al., *Poly(amidoamine) dendrimer-drug conjugates with disulfide linkages for intracellular drug delivery.* Biomaterials, 2009. **30**(11): p. 2112-2121.

298. Liu, H., et al., *Disulfide Cross-Linked Low Generation Dendrimers with High Gene Transfection Efficacy, Low Cytotoxicity, and Low Cost.* Journal of the American Chemical Society, 2012. **134**(42): p. 17680-17687.
299. Amir, R.J., et al., *Self-Immolative Dendrimers.* Angewandte Chemie International Edition, 2003. **42**(37): p. 4494-4499.
300. Shabat, D., et al., *Chemical Adaptor Systems.* Chemistry – A European Journal, 2004. **10**(11): p. 2626-2634.
301. de Groot, F.M.H., et al., *"Cascade-Release Dendrimers" Liberate All End Groups upon a Single Triggering Event in the Dendritic Core.* Angewandte Chemie International Edition, 2003. **42**(37): p. 4490-4494.
302. Szalai, M.L., R.M. Kevwitch, and D.V. McGrath, *Geometric Disassembly of Dendrimers: Dendritic Amplification.* Journal of the American Chemical Society, 2003. **125**(51): p. 15688-15689.
303. Maiti, P.K., et al., *Structure of PAMAM Dendrimers: Generations 1 through 11.* Macromolecules, 2004. **37**(16): p. 6236-6254.
304. Maiti, P.K., et al., *Effect of Solvent and pH on the Structure of PAMAM Dendrimers.* Macromolecules, 2005. **38**(3): p. 979-991.
305. Huibmann, S., C.N. Likos, and R. Blaak, *Explicit vs Implicit Water Simulations of Charged Dendrimers.* Macromolecules. **45**(5): p. 2562-2569.
306. Liu, Y., et al., *PAMAM Dendrimers Undergo pH Responsive Conformational Changes without Swelling.* Journal of the American Chemical Society, 2009. **131**(8): p. 2798-2799.
307. Jang, S.S. and W.A. Goddard, *Structures and Transport Properties of Hydrated Water-Soluble Dendrimer-Grafted Polymer Membranes for Application to Polymer Electrolyte Membrane Fuel Cells: Classical Molecular Dynamics Approach.* The Journal of Physical Chemistry C, 2007. **111**(6): p. 2759-2769.
308. Miklis, P., T. Çagin, and W.A. Goddard, *Dynamics of Bengal Rose Encapsulated in the Meijer Dendrimer Box.* Journal of the American Chemical Society, 1997. **119**(32): p. 7458-7462.

309. Diallo, M.S., K. Falconer, and J.H. Johnson, *Dendritic Anion Hosts: Perchlorate Uptake by G5-NH2 Poly(propyleneimine) Dendrimer in Water and Model Electrolyte Solutions.* Environmental Science & Technology, 2007. **41**(18): p. 6521-6527.

310. Diallo, M.S., et al., *Poly(amidoamine) Dendrimers: A New Class of High Capacity Chelating Agents for Cu(II) Ions.* Environmental Science & Technology, 1999. **33**(5): p. 820-824.

311. Giri, J., et al., *Interactions of Poly(amidoamine) Dendrimers with Human Serum Albumin: Binding Constants and Mechanisms.* ACS Nano. **5**(5): p. 3456-3468.

Oui, je veux morebooks!

i want morebooks!

Buy your books fast and straightforward online - at one of world's fastest growing online book stores! Environmentally sound due to Print-on-Demand technologies.

Buy your books online at
www.get-morebooks.com

Achetez vos livres en ligne, vite et bien, sur l'une des librairies en ligne les plus performantes au monde!
En protégeant nos ressources et notre environnement grâce à l'impression à la demande.

La librairie en ligne pour acheter plus vite
www.morebooks.fr

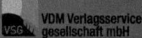

VDM Verlagsservicegesellschaft mbH
Heinrich-Böcking-Str. 6-8　　　Telefon: +49 681 3720 174　　　info@vdm-vsg.de
D - 66121 Saarbrücken　　　　Telefax: +49 681 3720 1749　　www.vdm-vsg.de

Printed by Books on Demand GmbH, Norderstedt / Germany